머릿속에 쏙쏙!
원소 노트

머릿속에 쏙쏙!

원소
노트

도쿄대학교 사이언스커뮤니케이션 동아리 CAST 지음

곽범신 옮김

시그마북스
Sigma Books

머릿속에 쏙쏙! 원소 노트

발행일 2020년 3월 16일 초판 1쇄 발행
2023년 3월 2일 초판 5쇄 발행
지은이 도쿄대학교 사이언스커뮤니케이션 동아리 CAST
옮긴이 곽범신
발행인 강학경
발행처 시그마북스
Sigma Books
마케팅 정제용
에디터 최윤정, 최연정
디자인 김문배, 강경희

등록번호 제10-965호
주소 서울특별시 영등포구 양평로 22길 21 선유도코오롱디지털타워 A402호
전자우편 sigmabooks@spress.co.kr
홈페이지 http://www.sigmabooks.co.kr
전화 (02) 2062-5288~9
팩시밀리 (02) 323-4197
ISBN 979-11-90257-31-2(03430)

ILLUST DE SAKUSAKU OBOERU TODAISEI NO GENSO NOTE

Copyright © The University of Tokyo, Science Communication Circle CAST 2019

Original Japanese edition published by Subarusya Corporation

Korean translation rights arranged with Subarusya Corporation

through The English Agency (Japan) Ltd. and Shinwon Agency Co.

* **시그마북스**는 (주)**시그마프레스**의 단행본 브랜드입니다.

세상의 만물은
대체 무엇으로 이루어져 있을까?

예로부터 인류는 만물의 근원을 밝히고자 하는 이 물음에 도전해왔다. 고대 그리스에서는 자연철학이 형성되는 과정에서 자연의 근원에 관한 다양한 사고방식이 생겨났다. 예를 들어, 아리스토텔레스는 '자연계의 물질은 흙·물·공기·불의 네 가지 성질(4원소)로 구성된다'라는 4원소설을 주장했고, 데모크리토스는 '원자라는 작은 알갱이가 모이고 흩어지면서 만물을 형성한다'라는 사고방식(고대 원자론)을 발표했다.

중세에서는 4원소설이 더욱 널리 지지를 받아, '네 가지 원소에서 생겨난 자연의 물질은 원료가 모두 동일하니 철에서 금을 만들어내는 것도 가능하지 않을까?'라는 사고방식에 근거해 흔한 재료로 귀금속을 만들어내려는 연금술이 융성했다. 결론부터 말하자면 연금술―철에서 금을 만드는 것―은 불가능하지만 이 과정에서 다양한 화학적 발견이 있었다.

근대로 접어들어 실험을 통해 '질량보존의 법칙'이나 '일정 성분비의 법칙', '배수 비례의 법칙'과 같은 화학적 법칙이 밝혀졌다. 여기에 힘입어 영국의 과학자 돌턴John Dalton이 '이러한 결과에서 미루어보건대 물질의 근원인 '원소'는 '원자'라는 알갱이라고 생각하는 편이 낫지 않을까?'라는 '원자설'을 주장했다. 이후 여러 개의 원자가 결합해 생겨난 '분자'라는 존재가 있다는 사실도 판명되었다. 이 '원자와 분자'를 이용한 사고방식을 통해 다양한 현상을 모순 없이 설명할 수 있게 되고, 다양한 원소도 발견되면서 지금은 '세상의 만물은 모두 원자라는 알갱이가 모여 형성하고 있다'라는 사고방식이 주류를 이루고 있다.

　'화학'이라는 학문은 '물질의 구성 요소는 원자라고 하는 알갱이'라는 전제하에 물질의 성질을 탐구해나가는 분야. 그 뿌리를 이루는 원소는 현재 발견된 것만 하더라도 118종이나 존재하는데, '수소'나 '산소'처럼 친숙한 원소부터 아주 최근에 발견된, 이른바 '무거운' 원소까지, 모든 원소에는 각각 '대문자와 소문자 알파벳'으로 구성된 원소기호가 배정되어 있다.

　이 책에서는 118종의 원소가 지닌 각각의 성질, 원소에서 생성되는 화합물의 성질을 일러스트나 칼럼, 퀴즈를 통해 해설하고자 한다. 책을 읽으며 '얼핏 단순한 문자, 기호로 보일 뿐인' 원소기호를 해석해나가는 과정에서 '화학'이라는 분야에 대한 서먹한 감정이 조금이라도 사라지기를 바란다.

자, 원소의 세계로 떠나는 문을 열어보자!

차례

원소 주기율표

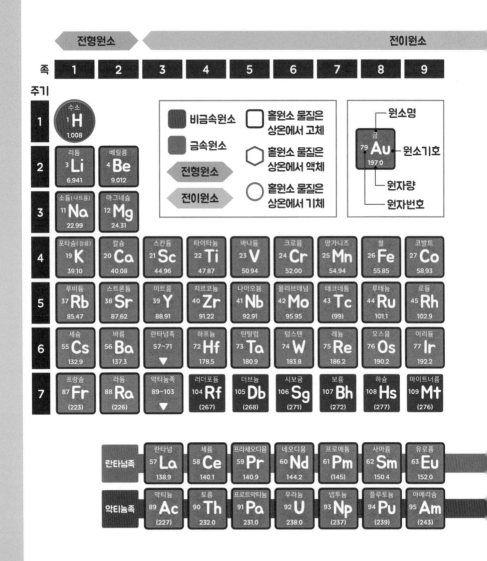

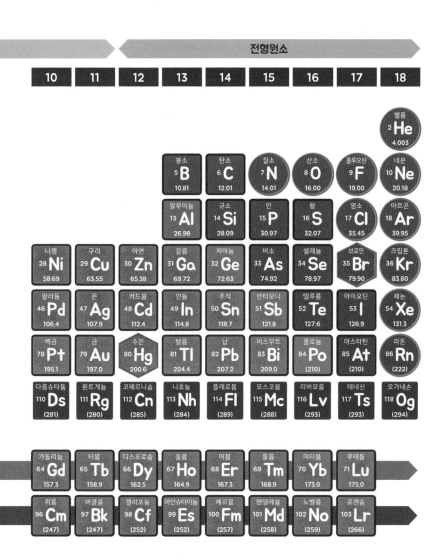

전형원소

10	11	12	13	14	15	16	17	18

헬륨
2 He
4.003

붕소
5 B
10.81

탄소
6 C
12.01

질소
7 N
14.01

산소
8 O
16.00

플루오린
9 F
19.00

네온
10 Ne
20.18

알루미늄
13 Al
26.98

규소
14 Si
28.09

인
15 P
30.97

황
16 S
32.07

염소
17 Cl
35.45

아르곤
18 Ar
39.95

니켈
28 Ni
58.69

구리
29 Cu
63.55

아연
30 Zn
65.38

갈륨
31 Ga
69.72

저마늄
32 Ge
72.63

비소
33 As
74.92

셀레늄
34 Se
78.97

브로민
35 Br
79.90

크립톤
36 Kr
83.80

팔라듐
46 Pd
106.4

은
47 Ag
107.9

카드뮴
48 Cd
112.4

인듐
49 In
114.8

주석
50 Sn
118.7

안티모니
51 Sb
121.8

텔루륨
52 Te
127.6

아이오딘
53 I
126.9

제논
54 Xe
131.3

백금
78 Pt
195.1

금
79 Au
197.0

수은
80 Hg
200.6

탈륨
81 Tl
204.4

납
82 Pb
207.2

비스무트
83 Bi
209.0

폴로늄
84 Po
(210)

아스타틴
85 At
(210)

라돈
86 Rn
(222)

다름슈타튬
110 Ds
(281)

뢴트게늄
111 Rg
(280)

코페르니슘
112 Cn
(285)

니호늄
113 Nh
(284)

플레로븀
114 Fl
(289)

모스코븀
115 Mc
(288)

리버모륨
116 Lv
(293)

테네신
117 Ts
(293)

오가네손
118 Og
(294)

가돌리늄
64 Gd
157.3

터븀
65 Tb
158.9

디스프로슘
66 Dy
162.5

홀뮴
67 Ho
164.9

어븀
68 Er
167.3

툴륨
69 Tm
168.9

이터븀
70 Yb
173.0

루테튬
71 Lu
175.0

퀴륨
96 Cm
(247)

버클륨
97 Bk
(247)

캘리포늄
98 Cf
(252)

아인슈타이늄
99 Es
(252)

페르뮴
100 Fm
(257)

멘델레븀
101 Md
(258)

노벨륨
102 No
(259)

로렌슘
103 Lr
(266)

안정동위원소가 없으며 자연계에서 특정한 동위원소조성isotopic composition(어느 물질의 구성 상태 등을 조사할 때, 동위원소가 어떠한 비율로 포함되어 있는지를 나타냄-옮긴이)이 나타나지 않는 원소는 방사성동위원소의 일반적인 질량치를 괄호 안에 표시했다.

초등학생 여러분께

이 책에는 중학교나 고등학교 화학 수업에서 배우는 내용이 상당수 실려 있다. 그 내용을 모두 읽고 이해하기란 현재로서는 어려울지도 모른다. 하지만 각 원소 페이지에 실린 일러스트와 칼럼 부분에는 화학을 공부하기 전이라도 재미있게 읽을 수 있는 내용이 담겨 있다. 원소와 관련된 간단한 토막 상식을 풍부하게 실어두었으므로 이 부분만이라도 꼭 읽어보았으면 한다.

그리고 중학생, 고등학생이 되어 학교에서 본격적인 '화학'을 공부하게 되었을 때, 책장에서 이 책을 꺼내 다시 한번 읽어보기를 바란다. 틀림없이 새로운 발견을 하게 될 것이다.

중학생 여러분께

화학식을 배운 중학생 여러분이라면 일러스트나 칼럼뿐 아니라 각 원소의 해설에서도 어느 정도 이해할 만한 대목이 나오지 않을까. '아하, 이런 반응이 있었지' 하고 기억을 떠올리며 읽어준다면 감사하겠다.

또한 이 책에는 중학교 교과서에 실린 수소H나 탄소C, 소듐Na이나 구리Cu 이외의 원소도 등장한다. 다른 원소의 성질은 고등학생이 된 다음에 자세히 배우게 될 것이다. 지금 시점에서는 아직 겪어보지 못한 고등학교 생활을 상상하며 교과서에 나오지 않는 원소까지 함께 훑어보기를 바란다. 그리고 고등학교에 올라가서 다시 이 책을 펼쳐보면 시야가 한층 더 넓어질 것이다.

고등학생 여러분께

고등학생 여러분이라면 이 책에 실린 내용을 대강 이해할 수 있으리라 생각된다. 각 원소의 해설 부분에는 이른바 무기화학에 관한 기초적인 지식이 정리되어 있으므로 이 부분을 읽어보고 화학에 관한 기초 실력을 기르자. 또한 책 곳곳에는 퀴즈도 실려 있으므로 자신의 실력을 시험하기 위해 도전해보기를 바란다.

다만 해설 부분을 완전히 이해하고 내 것으로 만들기란 말처럼 쉬운 일이 아니다. 부디 본문에 실린 일러스트와 칼럼을 살펴보기를 바란다. 가까운 사례와 관련지어 학습한다면 틀림없이 이해도가 깊어질 것이다.

대학생·사회인 여러분께

고등학교를 졸업해 화학의 기초적인 내용을 공부할 일이 없어졌음에도 불구하고 이 책을 집어 들었다면 아마도 화학에 흥미가 있거나 화학을 좋아하는 독자일 것이다. 이 책은 고등학교 화학의 기초적인 내용부터 잘 알려지지 않았던 토막 상식까지, 다채로운 이야깃거리로 채워져 있으므로 틀림없이 모두들 그간 모르고 있었던 사실과 접하게 되리라고 생각된다. 몰랐던 내용부터 자세히 공부하는 것도 방법이고, 당장 써먹을 수 있는 이야깃거리로 삼는 것도 좋은 방법이다. 이 책을 통해 여러분이 화학과 더욱 친해질 수 있다면 더는 바랄 나위가 없겠다.

본문을 읽는 방법

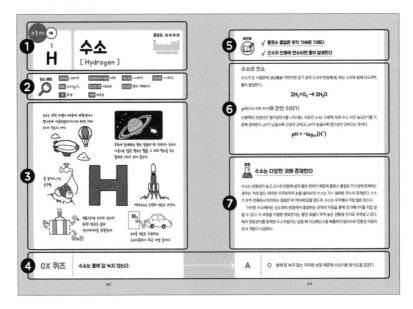

❶ 기본 정보
주기·족: 주기율표에서의 위치. 자세한 내용은 용어해설(→181쪽)로.
중요도: 화학 시험에 얼마나 자주 나오는지를 ★ ~ ★★★★의 네 단계로 표시했다.
원자번호: 자세한 내용은 용어해설(→183쪽)로.
원소기호
원소명: 원소의 이름. 괄호 안은 영어 표기.
주기율표에서의 위치: 주기율표에서의 위치를 시각적으로 표현.

❷ 원소 메모 해당 원소에 관한 더욱 자세한 정보
원자량: 질량수 12인 탄소원자(^{12}C)의 질량을 12로 두었을 때, 해당 원소가 평균적으로 어느 정도의 무게가
　　　　되는지를 나타낸 수치. 다만 안정동위원소가 없는 원소는 일반적인 방사성 동위원소의 질량수를
　　　　괄호 안에 표기했다.
상온에서의 상태·색깔: 기체·액체·고체 등, 상온, 상압에서 해당 원소의 홑원소 물질이 나타내는 상태.
　　　　　　　　　　　또한 그때의 색깔.
녹는점·끓는점: 일반 압력에서 홑원소 물질의 녹는점과 끓는점. 자세한 내용은 용어해설(→185쪽)로.

❸ 일러스트 중요한 포인트를 해설해주는 일러스트.
❹ OX 퀴즈 이해도를 알아볼 수 있는 시험.
❺ 포인트 시험에서 도움이 되는 포인트.
❻ 해설 해당 원소의 중요한 포인트에 대한 해설.
❼ 칼럼 원소에 대한 토막 상식.

제 1 장

제1주기~제3주기

우리에게는 '수헬리베붕탄질산~'으로 익숙한, 원자번호가 작은 원소다. 가장 자주 등장하는 기본적인 원소로, 홑원소 물질뿐 아니라 화합물을 구성하는 원소로서도 자주 접하게 될 것이다. 홑원소 물질의 성질뿐 아니라 각 원소를 소개하면서 언급하는 대표적인 화합물의 성질까지 짚어두도록 하자.

제 **1** 주기 **1**족

H
1

수소
[Hydrogen]

중요도 ★★★★

원소 메모 🔍

원자량 1.0079	**상온에서의 상태** 기체	**녹는점** -259℃	**끓는점** -253℃
밀도 0.09g/L	**발견된 해** 1766년	**발견자** 헨리 캐번디시
색 무색	**분류** 비금속

수소는 무척 가볍기 때문에 비행선이나
열기구에 사용되었다(최근에는 폭발할 위험이
있으므로 헬륨으로 대체).

우주에 존재하는 원소 질량의 약 70%가 수소다.
다음으로 많은 원소는 헬륨. 그 외의 원소를 모두
합쳐도 1%가 되지 않는다.

물 분자H₂O는
굽은형.

104.5°

액체수소는 로켓의 연료로 쓰인다.

연료전지는 수소와 산소의
화학 반응을 통해
전기에너지를 방출한다.

H₂

수소를 연료로 사용하는
수소자동차가 최근 개발 중이다.

OX 퀴즈 ┊ **수소는 물에 잘 녹지 않는다.**

수소의 연소

수소가 든 시험관에 성냥불을 가져가면 공기 중 산소와 반응해 펑, 하는 소리와 함께 타오르며 물이 발생한다.

$$2H_2 + O_2 \rightarrow 2H_2O$$

pH(수소 이온 지수)에 관한 이야기

수용액이 산성인지 염기성인지를 나타내는 지표인 pH는 수용액 속의 수소 이온 농도[H^+]를 이용해 정의한다. pH가 낮을수록 산성이 강하고, pH가 높을수록 염기성이 강하다는 뜻이다.

$$pH = -\log_{10}[H^+]$$

칼럼

수소는 다양한 곳에 존재한다

수소는 반응성이 높고 산소와 반응해 쉽게 물로 변하기 때문에 홑원소 물질로 지구상에 존재하는 경우는 거의 없다. 하지만 우주로까지 눈을 돌려보면 수소는 기체 형태로 무수히 존재한다. 수소가 우주 전체에서 차지하는 질량은 약 70%에 달할 정도로, 수소는 우주에서 가장 많은 원소다.

이러한 수소에서는 산소와의 반응에서 발생하는 전자의 이동을 통해 전기에너지를 직접 얻을 수 있다. 이 과정을 이용한 연료전지는 발전 효율이 무척 높은 친환경 전지로 주목받고 있다. 특히 연료전지를 탑재한 수소자동차는 달릴 때 이산화탄소를 배출하지 않으므로 친환경 자동차로서 개발이 시급하다.

A   O   물에 잘 녹지 않는 이러한 성질 때문에 수상치환 방식으로 모은다.

2

He

헬륨
[Helium]

원소 메모

원자량 4.0026	**상온에서의 상태** 기체	**녹는점** -272℃ (압력을 가한 상태)
밀도 0.179g/L	**발견된 해** 1868년	**끓는점** -269℃
색 무색	**분류** 비금속·희유기체	**발견자** 피에르 장센, 노먼 로키어, 에드워드 프랭클랜드

무척 가벼운 기체로
풍선을 띄울 때 넣는다.

음성 변조용 헬륨가스를
마시면 목소리 톤이 높아진다.

모든 원소 중에서 끓는점이 가장 낮다.

헬륨의 성질

수소 다음으로 가벼운 기체다. 또한 희유기체의 일종이며 단원자분자이기도 하다. 홑원소 물질로서 존재하며 매우 안정적인 원소이기 때문에 반응은 거의 일으키지 않는다.

헬륨의 이용 방법

주변에서 가장 찾아보기 쉬운 예는 풍선에 넣는 가스다. 헬륨은 대기보다 가벼우며 수소와 달리 반응성이 낮아서 안전하기 때문에 풍선이나 기구 등을 띄울 때 사용한다.

공업에서는 액체 헬륨이 중요하게 쓰인다. 끓는점과 녹는점이 가장 낮은 원소로, 보통의 대기압에서 -269℃(4K: K는 절대온도의 단위로, 절대영인 -273.15℃가 온도의 기준점인 0K가 된다. 켈빈 온도 혹은 열역학적 온도라고도 부른다-옮긴이)라는 극저온을 손쉽게 실현시킬 수 있다는 점 때문에 초전도나 절대영도에 가까운 환경을 마련하는 데 이용한다. 헬륨이 대기에서 차지하는 부피는 고작 0.0005%로, 수요는 늘어나는 한편 공급은 한정되어 있기 때문에 헬륨 부족은 일종의 사회문제처럼 받아들여지고 있다.

태양과 원소의 기원

낮에 하늘을 올려다보면(구름 낀 하늘이 아니라면) 항상 태양이 우리를 밝게 비추고 있다. 우리가 사는 지구는 언제나 밝은 것이 아니라 밤이 되면 어두워지는데 어째서 태양은 밝게 빛나는 것일까?

　태양은 수소와 헬륨으로 이루어져 있을 것으로 추정된다. 사실 태양이 밝게 빛나는 이유는 이들 중 수소를 태양 내부에서 '태우고' 있기 때문이다. 하지만 태양 안에서 벌어지는 연소는 우리가 일반적으로 상상하는 가스레인지의 불 따위와는 조금 다르다. 실은 태양에서 벌어지는 연소는 일반적인 연소와 조금 다른 현상인 핵융합을 가리킨다. 이 핵융합에 대해서 잠시 설명하도록 하겠다.

　핵융합에서 '핵'은 원자핵을 뜻한다. 원자핵은 원자의 중심에 있는, 양전하를 띤 부분이다. 핵융합이란 문자 그대로 이 원자핵을 여러 개 '융합'해 더욱 큰 원자핵을 만드는 것이다. 태양 안에서는 수소 원자핵들이 융합해 한층 커다란 헬륨 원자핵이 생성된다. 또한 이 핵융합이 발생할 때면 주변에 대량의 열이 방출된다는 사실이 알려져 있다. 이때 방출되는 열의 양은 가스레인지에서 벌어지는 연소 따위와는 비교할 수 없을 정도다. 겨우 수소 1g 분량의 핵을 모두 융합시킨다면 25미터 풀장에 가득 채워진 물을 끓이기에 충분한 열을 발생시킬 수 있다. 태양은 이 핵융합에 따른 엄청난 에너지를 사용해 밝게 빛나며 지구에 빛을 내려주고 있다.

　태양처럼 내부에서 핵융합을 일으켜 스스로 빛을 내는 별을 항성이라고 한다. 태양에서는 헬륨을 생성하는 핵융합만이 발생하지만 태양보다 훨씬 큰 항성의 내부에서는 헬륨보다도 훨씬 큰 원자핵이 생성된다. 이렇게 만들어진 원자핵들이 우리의 몸이나 주변의 사물을 형성하는 원자의 바탕이 된다.

³
Li

리튬
[Lithium]

중요도 ★★★☆

원소 메모

원자량 6.941	**상온에서의 상태** 고체	**녹는점** 181℃	**끓는점** 1347℃
밀도 0.534g/cm³	**발견된 해** 1817년	**발견자** 요한 아우구스트 아르프베드손
색 은백색	**분류** 알칼리금속

리튬은 빅뱅을 통해 합성된 세 원소 중 하나다.

리튬은 칼에 잘릴 정도로 무른 금속이다.

빨강

리튬 이온의 불꽃 반응은 빨간색이다.

리튬 이온 전지는 최근 주목받고 있는 기술 중 하나다.

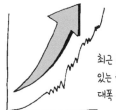

최근 주목도가 높아지고 있는 리튬은 채굴량이 대폭 증가하고 있다.

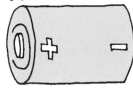

OX 퀴즈

리튬은 전지의 재료로 사용된다.

불꽃 반응

리튬이 포함된 화합물을 불에 넣어보면 빨간색 불꽃 반응을 일으킨다.

강한 이온화 경향

리튬은 이온화 경향이 매우 강하다. 그러므로 전자를 내보내 양이온이 되기 쉽다. 따라서 상온의 물과 반응해 수소를 발생시킨다.

$$2Li+2H_2O \rightarrow 2LiOH+H_2$$

칼럼

리튬 이온 전지

리튬이라는 단어가 주변에서 사용되는 사례를 언급할 수 있는 사람은 적을지도 모른다. 하지만 리튬은 현대인이 가장 자주 신세를 진다고 해도 과언이 아닌 분야에서 사용되고 있다. 바로 휴대전화나 스마트폰 등에 사용되는 전지다.

　이 전지는 '리튬 이온 전지'라고 불리는 이차전지의 일종이다. 가장 대중적인 리튬 이온 전지에서는 +극에 코발트산 리튬$Li_{0.5}CoO_2$을, -극에 흑연C과 Li의 화합물을 이용하는데, Li 이온이 -극에서 +극으로 이동하면서 방전된다. 이차전지이기 때문에 거꾸로 Li 이온을 +극에서 -극으로 이동시켜 충전할 수도 있다.

　리튬 이온 전지는 비교적 가벼우면서 많은 양의 전기를 저장할 수 있기 때문에 휴대전화뿐 아니라 다양한 곳에 사용되고 있다. 현재는 우리의 생활에 빼놓을 수 없는 전지로 자리 잡았다.

A 　O 　리튬 이온 전지는 다양한 기기에 사용된다.

중요도 ★☆☆☆

4
Be

베릴륨
[Beryllium]

원소 메모

원자량 9.0122   **상온에서의 상태** 고체   **녹는점** 1287℃   **끓는점** 2472℃ (압력을 가한 상태)

밀도 1.848g/cm³   **발견된 해** 1798년   **발견자** 루이 니콜라 보클랭

색 은백색   **분류** 금속

베릴륨은 에메랄드의 원료이기도 한 녹주석에서 얻을 수 있다.

칼럼
실은 보석 안에 있었다

베릴륨은 녹주석beryl에서 발견되어서 이 원소명이 붙었다. 녹주석 중에서도 특히 아름다운 것은 보석으로 가치가 있는데, 예를 들어 미량의 크로뮴을 포함한 녹주석은 에메랄드가 된다.

칼럼
지구에서 가장 많은 원소는?

주기율표를 보면 수많은 원소가 실려 있다. 현재 알려진 118종에 달하는 원소들 중에서 과연 어느 원소가 가장 많을까? 우선 지구에서도 우리들이 살고 있는 지표에 가장 많은 원소에 대해 알아보도록 하자. 지구 표면 지각에 있는 원소의 존재비에 관해서는 다양하게 추정하고 있지만 보통은 산소가 가장 많다고 한다(질량비). 이는 지각을 구성하는 암석의 주된 성분이 이산화규소 등 산소를 포함한 물질이기 때문이다. 그렇다면 지구 전체에서 가장 많은 원소는 무엇일까. 이 또한 직접적으로 추정할 수 없으므로 과학적으로 추측하자면 지구 전체에서 가장 많은 원소는 철이라 생각된다. 이는 지구 중심부에 철이 다량으로 포함된 핵이 있을 것으로 추정하기 때문이다.

5

B

붕소
[Boron]

중요도 ★★☆☆

원소 메모

| 원자량 | 10.806 | 상온에서의 상태 | 고체 | 녹는점 | 2077℃ | 끓는점 | 3870℃ |

밀도 2.34g/cm³ 발견된 해 1808년 발견자 조제프 루이 게이뤼삭,
루이 테나르, 험프리 데이비

색 흑회색 분류 반금속·붕소족

붕산H₃BO₃을 섞어서 만드는
붕규산 유리는 비커나 시험관의 재료로 쓰인다.

붕산은 살충작용을 한다.
붕산경단은 바퀴벌레
퇴치에 사용한다.

붕소의 성질

흑회색 고체이며 7개의 동소체가 존재하는데, 주로 결정형이 다르다. 결정은 화학적으로 변하지 않으려는 성질을 지녔기 때문에 플루오린화수소산이나 염산에도 내성을 보인다.

붕소의 화합물

삼플루오린화붕소BF₃로 대표되는 할로젠화물은 옥텟규칙(원자의 최외각전자의 수가 8개일 때 화합물이 안정된다는 경험 법칙)을 충족시키지 않는 대표적 사례로 자주 눈에 띈다.

붕소의 이용 방법

홑원소 물질로는 거의 이용되지 않지만 화합물의 쓰임새는 다양하다. 가장 친숙한 사례로는 유리의 일종인 붕규산 유리가 있으며, 그 외에는 붕산H₃BO₃이 쥐약이나 살충제로 사용되기도 한다. 또한 공업적으로는 반도체, 자석, 초전도 재료 등에 이용하고 있다.

6
C

탄소
[Carbon]

중요도 ★★★★

원소 메모

원자량 12.0116	**상온에서의 상태** 고체	**녹는점** 3550℃	**끓는점** 4827℃ (승화)
밀도 3.513g/cm³	**발견된 해** 고대	**발견자** 불명	
색 검은색, 무색	**분류** 비금속·탄소족		

흑연은 탄소의 동소체. 그라파이트graphite라고도 불린다. 전기나 열이 잘 통한다.

이산화탄소는 탄소의 화합물. 호흡할 때는 산소를 들이마시고 이산화탄소를 배출한다.

드라이아이스는 고체 형태의 이산화탄소. 상압에서의 승화점은 약 −79℃로, 고체에서 직접 기체로 변한다.

풀러렌fullerene은 탄소의 동소체. 탄소 60개로 구성되어 있으며 축구공 같은 형태를 이루고 있다.

이산화탄소는 식물의 광합성에도 사용된다. 식물은 태양광 에너지를 이용해 이산화탄소를 빨아들이고 산소를 배출한다.

다이아몬드는 탄소의 동소체. 공유결합결정으로 전기는 통하지 않는다. 여러 물질 중에서 가장 단단하다.

목탄은 뚜렷한 결정형을 지니지 않는 무정형 탄소의 일종이다.

일산화탄소는 탄소를 불완전연소하면 발생하는 화합물. 인체에 유독한 기체다.

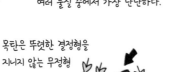

OX 퀴즈

다이아몬드와 흑연 중 전기가 통하는 것은 어느 쪽일까?

탄소의 동소체

탄소에는 다양한 동소체가 존재하는데, 여기서는 대표적인 다이아몬드와 흑연에 대해 설명하겠다.

다이아몬드는 탄소 원자가 지닌 4개의 가전자가 정사면체의 꼭대기를 따라서 인접한 탄소 원자와 공유결합을 이룸으로써 생겨나는 결정이다. 공유결합은 무척 강력하기 때문에 다이아몬드는 굉장히 단단하지만, 모든 가전자를 결합을 형성하는 데 사용하므로 전기는 통하지 않는다.

4개의 가전자 중 3개를 공유결합에 사용해 생겨나는 흑연은 정육각형을 깔아놓은 듯한 층상구조의 결정이다. 흑연은 각각의 층이 약한 판데르발스 힘(분자와 분자가 서로를 잡아당기는 힘-옮긴이)으로 결합되어 있기 때문에 부드럽고, 결합에 사용하지 않은 전자가 자유로이 돌아다니기 때문에 전기가 통한다. 연필심이나 전극 등에 사용된다.

칼럼
탄소나노튜브

다이아몬드와 흑연 이외의 동소체에 대해서도 잠깐 소개해보도록 하겠다.

탄소나노튜브라는 말을 들어보았는가? 시트 형태의 흑연을 지름 0.4㎚의 원통형으로 말아놓은 것으로, 전기가 통할 뿐 아니라 중량은 알루미늄의 절반 정도, 강도는 강철의 약 20배라는 다양한 특성이 있다.

따라서 반도체나 연료전지, 나아가서는 우주 엘리베이터에 쓰이는 로프의 소재 등 다양한 활용방법이 제안되고 있는, 훗날이 기대되는 분자다.

A   흑연
결합에 사용되지 않은 가전자가 자유롭게 돌아다닌다.

일산화탄소의 성질

탄소 원자에 1개의 산소 원자가 결합한 분자를 일산화탄소CO라고 부른다. 유기물의 불완전연소 등을 통해서 생성되며 물에 잘 녹지 않는 무색무취의 기체지만 매우 유독하다. 혈액 속 헤모글로빈과의 친화성이 산소보다 약 200배나 높기 때문에 산소가 부족해지는 일산화탄소 중독 상태를 일으킨다.

실험실에서는 폼산HCOOH에 진한 황산을 넣고 가열해 만들어낼 수 있다.

$$HCOOH \rightarrow CO+H_2O$$

공업적으로는 빨갛게 달아오른 코크스C에 고온의 수증기를 반응시켜서 만들어낼 수 있다.

$$C+H_2O \rightarrow CO+H_2$$

환원성이 있기 때문에 다른 물질에서 산소를 빼앗는다. 앞서 언급한 방법으로 얻은 일산화탄소는 금속의 제련 등에 이용된다.

$$Fe_2O_3+3CO \rightarrow 2Fe+3CO_2$$

칼럼

탄소 순환

탄소는 우리 주변의 다양한 곳에 존재하는데, 과연 어디서 온 것일까? 대기 중에 있는 이산화탄소를 기점으로 추적해보자.

대기 중에 있는 이산화탄소는 식물의 광합성을 통해 당으로 변환된다.

$$6CO_2+6H_2O \rightarrow C_6H_{12}O_6+6O_2$$

이 식물이 죽거나 그 식물을 먹은 동물이 죽은 뒤, 그것들의 시체가 오랜 세월에 거쳐 화석, 나아가서는 석유로 변한다. 석유는 연료로서 태워질 뿐 아니라 정제를 통해 얻어진 유기화합물은 페트병이나 섬유 등 다양한 형태로 모습을 바꾼다. 그것들이 쓰레기가 되어 태워지면서 방출된 이산화탄소는 대기 중으로 돌아간다.

OX 퀴즈 : **일산화탄소는 물에 잘 녹는다.**

이산화탄소의 성질

탄소 원자에 2개의 산소 원자가 결합한 분자를 이산화탄소CO_2라고 부른다. 유기물의 완전연소나 생물의 호흡 등을 통해 생성되며, 대기 중에 부피로 약 0.04%가 포함되어 있다. 상온·상압에서는 무색무취의 기체이며 물에 조금만 녹는다는 성질이 있다. 또한 공기보다 무겁기 때문에 실험실에서 이산화탄소를 발생시켜 모을 때는 하방치환법을 이용한다. 이산화탄소가 물에 녹는 반응은 다음과 같이 쓸 수 있다.

$$CO_2 + H_2O \rightleftarrows H^+ + HCO_3^-$$

이때, H^+가 발생하므로 수용액은 약한 산성을 띤다. 이산화탄소가 녹아 있는 비의 pH는 약 5.6으로, 산성비는 그보다도 pH가 낮은 비를 가리키지만 pH 5.6이라도 석회암을 녹일 수 있다.

이처럼 이산화탄소는 물과 반응해 산을 만들어내는 산성산화물이기 때문에 염기와 중화 반응을 일으켜 염을 만들어낸다. 수산화소듐과 반응하면 탄산소듐Na_2CO_3이 생성된다.

$$CO_2 + 2NaOH \rightarrow Na_2CO_3 + H_2O$$

칼럼
드라이아이스

드라이아이스는 고체 이산화탄소를 가리킨다. 드라이아이스를 상온에 방치하면 고체에서 기체로 변하면서 부피가 서서히 줄어든다. 얼음은 고체에서 기체인 수증기로 변하는 사이에 액체인 물이 되지만 이산화탄소는 상압에서 액체가 되지 않는다. 이처럼 고체에서 직접 기체가 되는 현상을 승화라고 하는데, 반대로 기체에서 직접 고체가 되는 현상을 증착이라고 한다.

이산화탄소는 상압에서 액체가 되지 않지만 기체 상태의 이산화탄소에 높은 압력을 가하면 고체로 변하기 전에 액화되는 모습을 볼 수 있다.

A ✕ 일산화탄소는 물에 잘 녹지 않는다.

7
N

질소
[Nitrogen]

중요도 ★★★★

원소 메모

원자량 14.0064	**상온에서의 상태** 기체	**녹는점** -210℃
		끓는점 -196℃
밀도 1.251g/L(0℃)	**발견된 해** 1772년	**발견자** 다니엘 러더퍼드
색 무색	**분류** 비금속·질소족	

질소N_2는 지구 대기의 78%를 차지한다.

암모니아NH_3는 자극적인 냄새가 난다. 직접 맡아서는 안 된다.

질산HNO_3은 구리나 은도 녹인다.

산성비는 식물을 시들게 한다. 산성비의 원인 중 하나는 질소산화물이다.

액체질소에 장미를 담그면 산산이 부서지고 만다(수분이 얼어붙기 때문에).

질소, 인, 포타슘은 비료의 3요소라고 불린다. 질소비료는 잎이나 줄기의 성장을 돕는다.

OX 퀴즈

질소 분자는 질소-질소 삼중결합을 포함하고 있다.

질소의 성질

질소 원자는 5개의 가전자를 지닌 15족 원소다. 질소 원자 2개가 결합해 분자가 될 때는 5개의
가전자 중 3개의 전자가 공유전자쌍을 이루어 삼중결합을 만들어낸다.

홑원소 물질 상태의 질소N_2는 공기 중에서 약 78%를 차지하는 기체로, 반응성이 낮기 때문
에 상온에서 N_2가 반응하는 일은 거의 없다.

또한 질소의 끓는점은 -196℃로 몹시 낮기 때문에 액체가 된 질소는 냉각제로 이용된다.

칼럼

액체질소를 사용한 실험

액체질소로 뭔가를 얼리는 실험은 도쿄대 CAST에서도 실시되고 있다. 그중에서도 몇 가지 흥미
로운 실험을 소개해보겠다.

우선 캔 안에 액체질소를 넣는다. 그러면 캔 주변의 공기가 식어서 질소보다 끓는점이 높은
산소가 액화해 캔 주변에 액체 상태로 들러붙는다. 여기에 불을 붙인 향을 가져가면 액체산소와
반응해 거세게 타오르기 시작한다.

또한 액체질소 안에 넣어서 식힌 초전도체를 네오디뮴 자석으로 만든 선로 위에 얹으면 마
이스너 효과와 플럭스 피닝(마이스너 효과는 초전도체가 자석을 밀어내는 현상을, 플럭스 피닝은 초전도체가 자석 위쪽
에 고정되는 현상을 말한다-옮긴이)이라는 원리에 따라 식힌 초전도체가 떠올라 선로 위를 매끄럽게 미
끄러지는 현상이 발생한다.

실험 동영상이 CAST의 유튜브에 업로드되어 있으니 꼭 시청해보시기를 바란다.
https://www.youtube.com/watch?v=jCl7_MZ92tU

A ┊ **O** 질소 분자의 결합은 3개의 공유전자쌍을 지니고 있기 때문에
삼중결합이다.

암모니아NH₃의 성질

암모니아는 무색에 자극적인 냄새가 나는 기체다. 물에 잘 녹으며 물에 녹이면 약염기성을 띤다.

실험실에서의 제조 방법으로는 염화암모늄NH_4Cl과 수산화칼슘$Ca(OH)_2$을 가열해 발생시킨다. 이 반응에서 사용하는 염화암모늄은 약염기 염, 수산화칼슘은 강염기이기 때문에 약염기가 유리遊離(화합물에서 결합이 끊어져 원자 혹은 원자단이 분리되는 것-옮긴이)된다.

$$2NH_4Cl + Ca(OH)_2 \rightarrow CaCl_2 + 2H_2O + 2NH_3$$

하버-보슈법

공업적으로 암모니아를 대량생산해야 할 때는 하버-보슈법이라는 제조법으로 제조한다. 이 방법에서는 사산화삼철Fe_3O_4을 촉매로 삼아 수소와 질소를 반응시킨다.

$$N_2 + 3H_2 \xrightarrow{\ Fe_3O_4\ 촉매\ } 2NH_3$$

칼럼
녹스란 무엇일까?

녹스(NOx)란 질소산화물의 총칭이다. 질소에는 일산화질소NO, 이산화질소NO_2, 사산화이질소N_2O_4 등 다양한 산화물이 있다.

그중에서도 일산화질소NO와 이산화질소NO_2는 화학 실험에서도 자주 사용하는 기체이며 교과서에서도 자주 언급되기 때문에 익숙할지도 모르겠다. 녹스는 산성비나 광화학 스모그, 대기오염의 원인 물질로도 잘 알려져 있다. 특히 물에 녹인 녹스는 강산인 질산이 되기 때문에 빗방울에 녹스가 녹아들면 산성비가 되어서 지상의 동상 등을 녹이고 만다.

현재는 녹스의 발생량이 적은 자동차의 개발 등 녹스의 배출을 최대한 막으려는 시도가 이어지고 있다.

OX 퀴즈 　진한 질산은 갈색 병에 보관한다.

질산HNO₃의 성질

질산은 무색의 휘발성 액체다. 묽은 질산과 진한 질산 모두 강한 산성을 띤다. 또한 질산은 빛에 분해되어 이산화질소를 생성하므로 갈색 병에 넣어서 차갑고 어두운 곳에 보관한다.

암모니아산화법

질산을 공업적으로 생산할 때는 암모니아산화법이라는 제조법을 이용한다.

① 암모니아와 공기를 혼합해 고온에서 백금을 촉매로 삼아 반응시킨다.

$$4NH_3 + 5O_2 \xrightarrow{\text{Pt 촉매·800℃}} 4NO + 6H_2O$$

② ①에서 생성된 일산화질소를 산화시켜 이산화질소로 만든다.

$$2NO + O_2 \rightarrow 2NO_2$$

③ 이산화질소와 물을 반응시킨다. 부가적으로 생성된 일산화질소는 다시 ②에서 이용한다.

$$3NO_2 + H_2O \rightarrow 2HNO_3 + NO$$

칼럼

묽은 질산과 진한 질산은 무엇이 다를까?

질산은 일반적으로 농도가 60% 이상이면 진한 질산, 그 이하는 묽은 질산이라 부른다. 둘 다 모두 강산으로, 산화력이 강해 다양한 금속을 녹인다. 그렇다면 둘은 어떤 차이가 있을까.

사실은 산화제로서 반응했을 때 생성되는 물질이 다르다. 예를 들어 구리를 묽은 질산으로 녹였을 때는 질산구리와 일산화질소가 발생하지만, 여기서 묽은 질산을 진한 질산으로 바꾸면 일산화질소 대신 이산화질소가 발생한다.

$$3Cu + 8HNO_3 \text{(묽은 질산)} \rightarrow 3Cu(NO_3)_2 + 4H_2O + 2NO$$

$$Cu + 4HNO_3 \text{(진한 질산)} \rightarrow Cu(NO_3)_2 + 2H_2O + 2NO_2$$

이처럼 묽은 질산을 반응시켰느냐 진한 질산을 반응시켰느냐에 따라 화학 반응식이 크게 달라지므로 주의해야 한다.

A ○ 진한 질산은 빛에 분해되어 이산화질소를 생성한다.

8
O

산소
[Oxygen]

중요도 ★★★☆

원소 메모

원자량 15.99903	**상온에서의 상태** 기체	**녹는점** -218℃	**끓는점** -183℃
밀도 1.429g/L(0℃)	**발견된 해** 1771년	**발견자** 카를 빌헬름 셸레
색 무색	**분류** 비금속·산소족	

O_3

오존O_3은 지상에서 약 10~50km 높이에 많이 존재한다(오존층).

지각 산소는 지각을 구성하는 원소 중에서 가장 많이 존재한다.

O_2 21%

산소O_2는 지구 대기의 21%를 차지한다. 질소 다음으로 많다.

뭔가가 연소되려면 반드시 산소가 필요하다.

O

산소를 통해 철이 산화되면 빨간 녹이 생긴다.

호흡할 때는 산소O_2를 흡입하고 이산화탄소CO_2를 배출한다.

O_2

옥시돌

소독약으로 알려진 옥시돌은 과산화수소H_2O_2 수용액이다.

OX 퀴즈

산소에는 동소체가 존재하지 않는다.

√ **지각 내부에 가장 많이 존재한다**

√ **많은 원소와 반응해 산화물을 만들어낸다**

√ **동소체가 있다**(O_2와 O_3)

산소의 생성

산소O_2는 과산화수소수(옥시돌)나 염소산포타슘$KClO_3$에 산화망가니즈(IV)MnO_2를 촉매로 반응시키면 얻을 수 있다.

$$2H_2O_2 \rightarrow 2H_2O + O_2$$

$$2KClO_3 \rightarrow 2KCl + 3O_2$$

오존의 생성

산소O_2의 동소체인 오존O_3은 산소 안에서 무성방전을 일으키거나 산소에 강한 자외선을 쬐어서 만들어낸다.

$$3O_2 \rightarrow 2O_3$$

칼럼

우리 주변에 무수히 많은 산화물에 대해

우리는 산소에 둘러싸여 살아간다— 이런 말을 들으면 대부분은 공기 중에 있는 무색투명한 산소를 떠올리지 않을까. 확실히 공기 중에는 산소가 21% 포함되어 있지만 사실 우리 주변에는 그보다 훨씬 많은 산소가 넘쳐난다. 다만 대부분은 공기 중에 있는 산소와는 다르게 산소가 다른 원소에 들러붙은 '산화물'이라는 상태다. 예를 들어 흙이나 돌의 주된 성분은 **이산화규소SiO_2**라는 규소산화물이고, 철봉 표면에 생긴 거무스름한 것은 **사산화삼철Fe_3O_4**이라는 철산화물이며, 심지어 우리가 앞으로 고민하게 될 노화현상까지도 산화물(정확히는 활성산소)과 관련이 있다. 산소를 이해하게 되면 우리 주변의 다양한 방면에서 도움이 되지 않을까.

A ✕ 산소에는 O_2와 O_3(오존)이라는 두 가지 동소체가 있다.

9
F

플루오린
[Fluorine]

중요도 ★★★☆

원소 메모

| 원자량 | 18.9984 | 상온에서의 상태 | 기체 | 녹는점 | -220℃ | 끓는점 | -188℃ |

| 밀도 | 1.696g/L(0℃) | 발견된 해 | 1886년 | 발견자 | 앙리 무아상 |

| 색 | 담황색 | 분류 | 비금속·할로젠 |

모든 원소를 통틀어 전기음성도가 가장 높은 플루오린은 다른 원자의 전자를 강하게 끌어당기기 때문에 반응성이 높다.

플루오린은 인체에 매우 유독하기 때문에 플루오린을 연구하던 수많은 과학자들이 독성에 괴로움을 겪었다.

플루오린화수소는 산화력이 강하다.

플루오린화수소는 끓는점이 19.5℃로, 할로젠화수소치고는 비교적 높다.

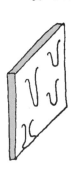

유리를 녹이는 플루오린화수소산은 폴리에틸렌 등의 용기에 보관한다.

형석은 주성분이 플루오린화칼슘인 광물로, 렌즈에 이용된다.

플루오린화소듐은 충치에 효과적이라고 한다.

OX 퀴즈 : 플루오린화수소산은 어떤 재질의 용기에 보관해야 하는가?

플루오린 홑원소 물질 F의 반응

17족에 속한 원소를 '할로겐'이라고 하는데, 플루오린 또한 할로겐 중 하나다. 할로겐은 반응성이 높으며 산화력이 강하다.

특히 할로겐 중에서 원자번호가 가장 작은 플루오린은 반응성이 지극히 높다. 예를 들어 플루오린과 수소는 온도가 낮고 어두운 곳에서도 폭발적인 반응을 일으켜 플루오린화수소를 생성한다. 또한 다른 할로겐 원소와 달리 플루오린은 물과 반응해 산소를 발생시킨다.

$$2F_2 + 2H_2O \rightarrow 4HF + O_2$$

플루오린화수소HF의 성질

플루오린화수소HF는 형석(주된 성분은 플루오린화칼슘CaF_2) 분말에 진한 황산을 첨가한 뒤에 가열하면 얻을 수 있다.

$$CaF_2 + H_2SO_4 \rightarrow CaSO_4 + 2HF$$

플루오린화수소는 분자 사이에 수소결합을 형성하고 있기 때문에 다른 할로젠화수소에 비해 끓는점이 높으며, 수용액인 플루오린화수소산은 약산이다.

플루오린화수소산의 성질

플루오린화수소의 수용액인 플루오린화수소산은 유리의 주성분인 이산화규소를 녹이기 때문에 유리병이 아닌 폴리에틸렌 용기에 보관한다.

$$SiO_2 + 6HF \rightarrow H_2SiF_6 + 2H_2O$$

A

폴리에틸렌 용기
HF는 유리를 침식시키기 때문에 유리병은 사용할 수 없다.

네온
[Neon]

중요도 ★★☆☆

원소 메모

원자량 ㅗ0.1797	**상온에서의 상태** 기체	**녹는점** -ㅗ49℃	**끓는점** -ㅗ46℃
밀도 0.9g/L(0℃)	**발견된 해** 1898년	**발견자** 윌리엄 램지, 모리스 트래버스
색 무색	**분류** 비금속·희유기체	

네온을 유리관에 채워서 방전시키면 오렌지색으로 빛난다.
이를 네온등이라고 부르며, 밤을 밝히는 데 이용되었다.

네온은 헬륨 네온 레이저라는
레이저에도 이용된다.

네온의 성질

헬륨과 같은 희유기체로, 안정성이 높기 때문에 화학 반응을 일으키기 어려우며 원소 중에서도
가장 반응성이 낮은 원소 중 하나다.
　따라서 헬륨과 마찬가지로 홑원소 물질로 이용되는 경우가 많다.

네온의 이용 방법

주로 조명에 이용하는데, 네온사인처럼 용기에 봉입하는 기체로 쓰인다. 또한 최근 주목받고 있
는 라식수술에 필요한 엑시머 레이저(레이저 광선을 발생시키는 장치)에도 사용된다.

칼럼

주기율표를 보는 방법

주기율표는 얼핏 118종이나 되는 원소가 단순히 쭉 늘어선 것처럼 보이지만 쉽게 알아볼 수 있는 두 가지 작은 비결이 있다. 여기서는 그 비결을 밝혀보겠다.

① 전형원소는 세로로 보기!
② 전이원소는 가로로 보기!

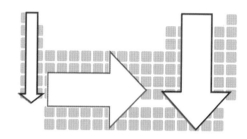

전형원소는 주기율표의 1족, 2족, 12족부터 18족에 속한 원소다. 한편 전이원소는 주기율표의 3족부터 11족에 속한 원소다(12족을 전이원소로 보는 경우도 있다).

위의 보는 법에서는 가전자의 변동이 핵심이다. 가전자는 원자의 가장 바깥쪽 전자껍질에 있으며, 화학 반응에 관여하는 전자를 말한다. 가전자의 수가 동일하다면 '비슷한 화학 반응을 일으키는' 경우, 다시 말해 '비슷한 성질을 지니는' 경우가 많다.

희유기체를 제외한 전형원소에서는 <u>**가전자의 수가 해당 원소의 족 번호의 일의 자리와 동일하다**</u>(여기서 예외로 한 희유기체의 가전자는 0이다). 이를테면 후술할 13족 알루미늄(→42쪽)의 가전자 수는 3이 된다. 따라서 족마다 '세로' 줄에서는 비슷한 성질이 나타난다. 이들에게는 알칼리금속, 할로젠, 희유기체와 같은 그룹명이 붙기도 한다.

전이원소에서는 이웃한 <u>**원소와 동일한 가전자를 지닌 경우가 많다.**</u> 예를 들어 나중에 등장하는 철(→76쪽), 코발트(→80쪽), 니켈(→81쪽)의 가전자는 모두 2다. 그리고 이 세 원소는 모두 자석에 달라붙는다는 성질이 있다. 그다음으로 등장하는 구리(→82쪽)의 가전자는 1이므로 언제나 가전자의 수가 동일하지는 않지만 이처럼 '가로'로 늘어선 원소에는 비슷한 성질이 나타나는 경우가 많다.

제 **3** 주기 | 1족

11
Na

중요도 ★★★☆

소듐(나트륨)
[Sodium]

원소 메모

| 원자량 | 22.9897 | 상온에서의 상태 | 고체 | 녹는점 | 98℃ | 끓는점 | 883℃ |

| 밀도 | 0.97g/cm³ | 발견된 해 | 1807년 | 발견자 | 험프리 데이비 |

| 색 | 은백색 | 분류 | 알칼리금속 |

NaCl
NaHCO₃
소금

소듐은 소금이나 베이킹소다와 같은 친숙한 물질에 함유되어 있다.

수산화소듐은 강한 염기. 공기 중에 수산화소듐 고체를 방치하면 수분을 흡수해 녹아내린다.

NaOH

노란색!

소듐의 불꽃 반응은 노란색이다. 그래서 불꽃놀이 등에 쓰인다.

소듐의 홑원소 물질은 물과 격렬하게 반응해 수소를 발생시킨다.

소듐 이온은 신경세포 등으로 정보를 전달하는 전기신호를 발생시키는 데 빼놓을 수 없다.

소듐의 홑원소 물질은 물뿐 아니라 공기 중에 있는 산소와도 반응한다. 따라서 등유 따위에 넣어서 보관한다.

OX 퀴즈

소듐은 공기 중에 있는 산소나 물과 반응하기 때문에 에탄올 안에 보관한다.

포인트

✓ 불꽃 반응은 노란색이다

✓ 이온화 경향이 강하며 산화되기 쉽다

✓ 물과 격렬하게 반응한다

소듐 홑원소 물질 Na (알칼리금속)의 반응

공기 중에서 곧바로 산화되어 금속광택을 잃는다.

$$4Na + O_2 \rightarrow 2Na_2O$$

상온의 물과 격렬하게 반응하는데, 이때 생겨나는 수산화물은 강염기성을 띤다.

$$2Na + 2H_2O \rightarrow 2NaOH + H_2$$

수산화소듐 NaOH의 성질

수산화소듐은 공기 중에 있는 수분을 흡수해 녹아내리는데, 이 현상을 조해^{潮解}라고 부른다. 공기 중에 있는 이산화탄소를 흡수해 탄산소듐으로 변한다.

$$2NaOH + CO_2 \rightarrow Na_2CO_3 + H_2O$$

칼럼

 알칼리금속의 성질

알칼리금속이란 주기율표의 1족 원소 중 수소H를 제외한 원소다. 알칼리금속은 1가 양이온이 되기 쉬운데, 일반적으로 다음과 같은 성질을 지닌다. ①은백색 금속으로 가볍고 부드러우며 녹는점도 낮다. ②불꽃 반응을 보인다. ③공기 중에서 금세 산화되어 금속광택을 잃는다. ④환원력이 강해 상온의 물과 격렬하게 반응한다. ③과 ④의 반응식은 위에 표시된 그대로다.

이와 같은 성질 때문에 알칼리금속의 홑원소 물질은 공기 중에서 보관할 수 없어 수분이 포함되지 않은 등유 속에 보관한다. 등유의 밀도는 약 $0.8g/cm^3$로, 가벼운 알칼리금속도 가라앉힐 수 있으므로 공기와의 접촉을 피할 수 있다.

A ✗ 그랬다간 소듐에톡시드가 발생하고 만다. 등유에 넣어서 보관하자.

12
Mg

마그네슘
[Magnesium]

원소 메모

원자량 24.304	**상온에서의 상태** 고체	**녹는점** 650℃	**끓는점** 1095℃

밀도 1.738g/cm³　**발견된 해** 1808년　**발견자** 험프리 데이비

색 은백색　**분류** 금속

엽록소에 필요하기 때문에
비료로 사용된다.

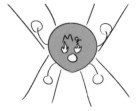

불에 태우면 강렬한 백색광을 뿜어낸다.

Mg

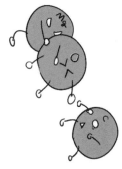

CO_2에서 산소를 빼앗을 정도로
환원력이 매우 강하다.

필수 미네랄 중 하나다.

2족 중에서는 Mg와 Be만이
알칼리토금속이 아니다.

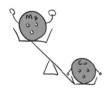

금속 소재 중에서도 매우
가볍다.

OX 퀴즈

마그네슘은 불꽃 반응을 보이지 않는다.

✓ 알칼리토금속이 아니다

✓ 불꽃 반응을 일으키지 않는다

✓ 뜨거운 물과 반응해 수산화물을 만들어낸다

마그네슘의 연소

마그네슘을 세게 가열하면 하얀 빛과 함께 연소되며 산화마그네슘MgO으로 변한다.

$$2Mg + O_2 \rightarrow 2MgO$$

마그네슘과 물의 반응

마그네슘은 상온의 물과는 거의 반응하지 않지만 뜨거운 물과는 반응해 약염기성이며 물에 잘 녹지 않는 수산화마그네슘Mg(OH)$_2$을 만들어낸다.

$$Mg + 2H_2O \rightarrow Mg(OH)_2 + H_2$$

칼럼

마그네슘의 살짝 신기한 성질

주기율표의 2족에 속한 원소는 일반적으로 알칼리토금속이라고 불리지만 마그네슘Mg과 그 위에 있는 베릴륨Be은 알칼리토금속에서 제외된다. 사실 이는 Mg이나 Be이 알칼리토금속에서는 찾아볼 수 없는 신기한 성질이 있다는 사실과 관련이 있다. 예를 들어 알칼리토금속은 **불꽃 반응**을 일으키지만 Mg나 Be는 일으키지 않고, 알칼리토금속은 **찬물**과 반응하지만 Mg나 Be은 녹지 않으며, 알칼리토금속의 **황산염**이 물에 녹지 않으나 Mg나 Be의 황산염은 물에 녹는다는 점 등……. 하지만 Mg, Be, 알칼리토금속의 **탄산염**은 모두 물에 잘 녹지 않는다는 공통된 몇 가지 성질도 있으므로 <u>2족 원소의 공통적인 성질을 숙지한 뒤 Mg, Be와 알칼리토금속과의 차이점에 주목</u>하며 외워나간다면 이해하기 쉬울 것이다.

A ○ 알칼리토금속이 아닌 Mg은 다른 2족 원소와 특성이 다르다.

13
AI

알루미늄
[Aluminium]

중요도 ★★★★

원소 메모

원자량 26.9815	**상온에서의 상태** 고체	**녹는점** 660℃	**끓는점** 2520℃

밀도 2.698g/cm³ **발견된 해** 1825년 **발견자** 한스 크리스티안 외르스테드

색 은백색 **분류** 금속·붕소족

산화알루미늄 결정으로 구성된 광물에 다른 금속이온이 섞이면 루비나 사파이어와 같은 보석이 된다.

헤르맛 반응은 산화철 등의 금속산화물과 알루미늄 때문에 일어나는 반응으로, 다량의 열을 발생시킨다.

알루미늄합금 중 하나인 두랄루민은 가벼우면서도 단단하기 때문에 항공기에도 사용된다.

알루미늄은 재활용율이 높은 소재 중 하나다.

알루미늄은 철 등 다른 금속에 비해 가볍다.

알루미늄 홑원소 물질을 생성하려면 막대한 전기가 소비되기 때문에 전기 통조림이라고 불린다.

1원짜리 동전은 순수한 알루미늄으로 만들어져 있다. 1원 동전을 하나 만들려면 1원 이상의 돈이 필요하다.

OX 퀴즈

알루미늄은 얇고 길게 늘일 수 있다.

√ 알루미늄 홑원소 물질의 제조법은 '용융염 전해'

√ 알루미늄은 양성 원소이기 때문에 산, 강염기 모두와 반응한다

알루미늄의 특징

알루미늄은 13족 원소로, 원자는 가전자 3개를 지니고 있기 때문에 3가 양이온Al^{3+}이 되기 쉽다.

홑원소 물질은 밀도가 비교적 낮은 은백색 금속이다. 밀도에 비해 강도가 높고 전성과 연성이 뛰어나며 전기전도성이 높다.

용융염 전해(과거에는 '융해염 전해'라고도 불렸다)

일반적으로 이온화 경향이 강한 금속은 수용액을 전기분해해서는 홑원소 물질을 얻을 수 없다. 따라서 해당 금속의 염이나 산화물을 고온에서 융해해 전기분해하는 방식으로 홑원소 물질을 얻는다. 이 방법을 용융염 전해라고 한다. 알루미늄의 홑원소 물질은 이 방법으로 제조하는데, 그 외에 알칼리금속이나 알칼리토금속, 마그네슘 등에도 같은 방법을 사용한다.

알루미늄은 보크사이트 광석(주요 성분 조성은 $Al_2O_3 \cdot nH_2O$)에서 만들어진다. 우선 보크사이트에서 규소나 철 등을 제거해 순수한 산화알루미늄(알루미나)Al_2O_3을 만들고, 이것을 융해한 빙정석 $Na_3[AlF_6]$에 용해시킨다.

$$Al_2O_3 \rightarrow 2Al^{3+}+3O^{2-}$$

전극에 탄소를 써서 이 용액을 전기분해하면 −극에서 알루미늄의 홑원소 물질이 석출된다. 이때 +극에서는 높은 온도 때문에 전극의 탄소가 반응을 일으킨다.

$$(-극)\ Al^{3+}+3e^- \rightarrow Al$$
$$(+극)\ C+O^{2-} \rightarrow CO+2e^-,\ C+2O^{2-} \rightarrow CO_2+4e^-$$

A ⋮ **O** 알루미늄은 금속이므로 전성이 뛰어나다.

양성원소

양성원소란 홑원소 물질이 산(이를테면 염산HCl)과도, 강염기(이를테면 수산화소듐NaOH)와도 반응하는 원소를 뜻한다. 주된 양성원소로는 **알루미늄Al, 아연Zn**(→86쪽), **주석Sn**(→110쪽), **납Pb**(→136쪽)이 있다.

Al은 염산과 반응하면 수소를 발생시키며 녹는다.

$$2Al+6HCl \rightarrow 2AlCl_3+3H_2$$

하지만 같은 산이라도 진한 질산에 반응시켰을 때는 표면에 치밀한 산화물 피막을 만들어내지만, 그 이상의 반응은 진행되지 않는 상태인 **부동태**가 된다.

수산화소듐 수용액과도 반응해 수소를 발생시킨다. 이때 착이온인 테트라하이드록시알루미늄산소듐Na[Al(OH)$_4$]을 발생시킨다.

$$2Al+2NaOH+6H_2O \rightarrow 2Na[Al(OH)_4]+3H_2$$

명반

황산알루미늄Al$_2$(SO$_4$)$_3$과 황산포타슘K$_2$SO$_4$의 혼합 수용액을 농축해 얻어지는 결정은 정팔면체 형태의 황산알루미늄포타슘12수화물AlK(SO$_4$)·12H$_2$O로, 명반이라고 부른다. 이처럼 2종류 이상의 염에서 생성되며 본래의 성분 이온이 그대로 존재하는 염을 복염이라고 한다.

칼럼

두랄루민

알루미늄에는 밀도가 낮다는 특징이 있다고 앞서 언급했다. 다시 말해 부피가 동일하다면 다른 금속보다 가볍다는 뜻이다.

이 특징을 한층 더 살리기 위해 알루미늄을 주성분으로 해서 구리Cu, 마그네슘Mg, 망가니즈Mn를 소량 첨가한 합금을 두랄루민이라고 한다. 이 합금은 가볍고 강도가 뛰어나기 때문에 항공기 기체나 자동차 부품 등에 사용한다.

OX 퀴즈 : Al^{3+}을 포함한 수용액에 암모니아수를 소량 첨가하면 침전물이 생기고, 과량으로 첨가하면 침전물은 녹는다.

수산화알루미늄AI(OH)₃

알루미늄 이온AI³⁺을 포함한 수용액에 암모니아수나 소량의 수산화소듐 수용액을 첨가하면 하얀 젤 형태의 수산화알루미늄AI(OH)₃ 침전물이 생겨난다.

$$Al^{3+} + 3OH^- \rightarrow Al(OH)_3$$

AI(OH)₃은 양성 수산화물로, 침전물은 산과 강염기 모두에 반응해 녹는다. 다만 암모니아수 같은 약염기는 다량으로 넣는다 해도 침전물은 변하지 않는다.

$$Al(OH)_3 + 3HCl \rightarrow AlCl_3 + 3H_2O$$

$$Al(OH)_3 + NaOH \rightarrow Na[Al(OH)_4]$$

산화알루미늄AI₂O₃ (공업적으로는 알루미나라고 부른다)

알루미늄을 가열해 산소와 반응시키면 산화알루미늄AI₂O₃이 된다.

$$4Al + 3O_2 \rightarrow 2Al_2O_3$$

AI₂O₃은 양성 산화물로 산과 강염기 모두에 반응해 녹는다. 또한 미량의 불순물이 섞이면 색이 입혀져 루비나 사파이어와 같은 보석이 된다.

칼럼

'알루미늄'은 녹슬지 않는다?

'알루미늄'은 녹슬지 않는다고 여기는 분도 많지 않을까. "알루미늄 호일은 언제나 반짝거리지 않느냐"라면서. 하지만 사실 그건 오해다.

이온화 경향이 강한 알루미늄은 친숙한 금속 중에서는 가장 산화되기 쉬운(녹슬기 쉬운) 금속이다. 하지만 공기에 산화되어 표면에 생겨나는 AI₂O₃의 산화 피막(녹)이 대단히 치밀하기 때문에, 한층 심각한 녹으로부터 내부를 보호해준다. 또한 피막은 매우 얇으며 거의 무색이기 때문에 이 피막에 덮인 줄도 모른 채 '알루미늄'은 녹슬지 않는다고 인식하게 되는 것이다.

참고로 이 산화 피막을 인공적으로 입힌 알루미늄 제품을 알루마이트라고 부른다. 일상에서 사용하는 대부분의 알루미늄 제품에는 이러한 처리가 되어 있다.

A ⋮ **✗**　암모니아수로는 AI(OH)₃ 침전물을 녹이지 못한다. 수산화소듐 수용액 등의 강염기를 사용하면 착이온[AI(OH)₄]⁻을 발생시키며 녹는다.

14
Si

규소
[Silicon]

중요도 ★★★☆

원소 메모

원자량 28.0855	**상온에서의 상태** 고체
녹는점 1412℃	**끓는점** 3266℃
밀도 2.329g/cm³	**발견된 해** 1823년
발견자 옌스 야코브 베르셀리우스	
색 암회색	**분류** 반금속·탄소족

이산화규소SiO₂의 결정은
석영이라고 불린다.

규소 홑원소 물질은
금속처럼 광택이 있다.

규소는 반도체의 대표적 예다.
IC(집적회로)나 태양전지에 쓰인다.

Si

규소 화합물을
원료로 유리 제품을
만들 수 있다.

실리콘 수지는 조리 도구에도
사용한다.

과자의 제습제 등으로 사용하는
실리카 젤은 메타규산H₂SiO₃을
가열, 건조시킨 것이다.

먹지 마시오

OX 퀴즈

실리카 젤은 물과 친화성이 있는 미세한 구멍이
잔뜩 뚫려 있기 때문에 제습제로 이용된다.

√ 규소 홑원소 물질과 이산화규소 결정은 모두 공유결합결정

√ 규소 홑원소 물질의 결정 구조는 다이아몬드와 동일한 구조

규소 홑원소 물질 Si(다이아몬드와 결정 구조가 동일하며 공유결합결정이다)

암석의 성분원소인 규소는 지각 내부에 산소 다음으로 많이 존재한다. 하지만 자연계에서는 홑원소 물질로 존재하지 않으므로 산화물(이산화규소SiO₂)로 얻게 된다. 따라서 규소의 홑원소 물질은 산화물을 탄소로 환원해 만들어낸다.

$$SiO_2 + 2C \rightarrow Si + 2CO$$

이산화규소(조성식은 SiO₂)

이산화규소는 석영 등으로 산출되는 공유결합결정으로, 단단하며 녹는점이 높다. Si가 중심이 된 정사면체 구조가 3차원적으로 연결된 결정 구조를 보인다. 또한 유리 등의 주성분으로, 플루오린화수소산에 용해되는 성질이 있다.

칼럼

반도체

'반도체'라는 물질을 들어보았는가. 온도, 혹은 반도체에 소량으로 포함된 불순물의 양에 따라 전기가 통하는 정도를 바꿀 수 있다는 특징이 있다. 전자부품의 제어(스위치의 기능을 하거나 신호를 강하게 하는 등)에 무척 유용하므로 현재 반도체는 컴퓨터나 스마트폰을 비롯해 다양한 전자제품에 사용되고 있다.

이 반도체에 널리 쓰이는 것이 바로 규소다. 9가 무려 11개나 붙은 99.999999999%(일레븐 나인)의 순도여야만 하는 경우도 있는데, 이러한 고순도 반도체는 집적회로라고 불리는 초소형 전자회로(IC)나 태양전지 등에 사용한다.

A **O** 규산H₂SiO₃을 가열, 건조시키면 다공질인 실리카 젤을 얻을 수 있다.

15
P

인
[Phosphorus]

중요도 ★★★☆

원소 메모

원자량 30.9738	**상온에서의 상태** 고체	**녹는점** 44℃	**끓는점** 280℃
밀도 1.82g/cm³	**발견된 해** 1669년	**발견자** 헤닝 브란트
색 담황색, 암적색	**분류** 비금속·질소족	※ 녹는점, 끓는점, 밀도는 황린의 수치

인의 동소체로는 황린이나 적린 등이 있다. 황린은 자연 발화하므로 물에 넣어 보관한다.

적린은 성냥갑 옆면의 긋는 부분에 사용된다.

인을 연소해 얻을 수 있는 십산화사인은 흡습성, 탈수성이 강해 제습제로 이용된다.

$\rightarrow P_4O_{10}$

뼈나 치아는 주로 인산칼슘으로 이루어져 있다.

Ca + P!

식물의 생육에는 다양한 원소가 필요하지만 그중에서도 특히 중요한 질소, 인산, 포타슘은 '비료의 3요소'라고 불린다.

유전 정보와 관련된 DNA나 RNA, '생체 에너지원'인 ATP 등, 생명의 근간을 유지해주는 물질에는 인이 포함되어 있다.

생체막은 인지질이라는 물질이 두 층으로 늘어선 구조다.

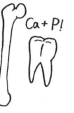

N ← → K
P

DNA   ATP 아데닌
인산
RNA

OX 퀴즈

황린을 물에 넣어 보관해야 하는 이유는 무엇인가?

 ✓ 동소체가 존재한다

✓ 황린은 물에 넣어 보관한다

 ✓ 적린은 성냥에 쓰인다

인의 동소체

인에는 다양한 동소체가 존재한다. 그중에서 2종류를 소개해보겠다.

첫 번째로 황린 P_4이 있다. 인 원자 4개가 모인 분자로 이루어진 왁스 형태의 담황색 고체로, 공기 중에서 자연 발화하므로 물에 넣어서 보관해야 한다. 또한 매우 강한 독성을 지니고 있다.

두 번째는 적린 P이다. 암갈색 분말 형태의 고체로, 무수히 많은 인 원자로 구성되어 있기 때문에 분자식이 아닌 조성식으로 표현한다. 독성은 적으며 성냥갑에서 성냥을 긋는 부분인 측약 등에 사용된다.

칼럼

생물에게 인이란

인은 생물이 살아가는 데 빼놓을 수 없는 원소 중 하나다.

유전정보를 지닌 DNA나 에너지 대사에 중요한 ATP, 세포막을 형성하는 인지질 등에 포함되어 있으므로 다양한 생물이 생명활동을 유지하는 데 반드시 필요하다.

그 외에도 동물에게 인(과 칼슘의 화합물)은 뼈와 치아의 주된 성분이고, 식물에게는 질소, 포타슘과 함께 '비료의 3요소'라고 불리며 꽃, 열매, 이파리를 형성하는 데 필요한 양분이 된다.

또한 이처럼 생체와 관련된 인의 대부분은 인산 H_3PO_4의 형태를 이루고 있다. 인산은 물에 잘 녹으며 최대 3개의 수소 이온을 방출하기 때문에 중간 정도의 산성을 보인다.

A 황린은 공기 중에서 쉽게 자연 발화하기 때문이다.

중요도 ★★★★

16
S

황
[Sulfur]

원소 메모

원자량 32.065	**상온에서의 상태** 고체	**녹는점** 113℃	**끓는점** 445℃
밀도 2.07g/cm³	**발견된 해** 고대	**발견자** 불명
색 담황색	**분류** 비금속·산소족	※ 녹는점, 밀도는 알파 황의 수치

황에는 알파 황, 베타 황, 고무 황 등 다양한 종류의 동소체가 있다.

H₂SO₄

*이미지입니다

황은 무척 강한 산이다. 여러 금속을 녹이므로 공업적으로도 다양한 상황에서 사용된다.

진한 황산은 강한 탈수작용을 한다. 설탕 분자에서 물을 뽑아내 탄화시키는 실험은 유명하다. 제습제로 이용하기도 한다.

황화수소는 온천 등에 포함되어 있다. '유황 냄새'라고 표현하는 것은 황화수소의 썩은 계란 냄새다.

유황 냄새가 난다……

H₂S

S

-S-S-

황은 단백질에도 중요한 원소다. 손톱이나 머리카락을 형성하는 케라틴은 황 원자들이 단단히 결합된 것이다.

황화수소는 물에 녹으면 금속이온과 반응해 특유의 색을 지닌 침전물을 형성한다.

SO₂

자극적인 냄새가 나는 이산화황은 화산가스에 포함되어 있다. 환원력이 있기 때문에 표백제로도 사용된다.

OX 퀴즈

알파 황과 베타 황은 모두 고리 구조의 분자S₈로 이루어져 있다.

√ **3개의 동소체가 있다**

√ **진한 황산은 흡습성이 있으며 탈수작용을 한다**

√ **환원제(H₂S, SO₂), 산화제(열농황산, SO₂)**

동소체

유황에는 알파 황, 베타 황, 고무 황이라는 3개의 동소체가 있다. 상온에서 안정적인 것은 알파 황이지만 120℃ 가까이 가열한 황을 식히면 베타 황이, 약 250℃까지 가열한 황을 물에 넣어 급속도로 식히면 고무 황이 된다.

산화수와 산화 환원 반응

황은 다음의 표로 알 수 있듯이 다양한 화합물을 만들어내며, 각 화합물 속 황 원자의 산화수에 따라 산화제나 환원제로 작용한다.

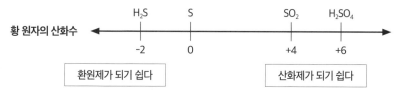

황 원자의 산화수

H_2S S SO_2 H_2SO_4

-2   0   +4   +6

| 환원제가 되기 쉽다 | | 산화제가 되기 쉽다 |

H_2S는 주로 환원제로 작용하며, 가열한 고농도의 H_2SO_4(열농황산)은 주로 산화제로 작용한다. SO_2는 어떤 것과 반응하느냐에 따라 산화제와 환원제 역할을 모두 한다.

반쪽 반응식

- **H_2S(환원제)** $H_2S+S+2H^++2e^-$
- **SO_2(환원제)** $SO_2+2H_2O \rightarrow SO_4^{2-}+4H^++2e^-$
- **SO_2(산화제)** $SO_2+4H^++4e^- \rightarrow S+2H_2O$
- **H_2SO_4(열농황산, 산화제)** $H_2SO_4+2H^++2e^- \rightarrow SO_2+2H_2O$

A   **O**   이들은 모두 황의 동소체다.

황의 성질

• 진한 황산

주변의 습기를 흡수하는 흡습성이 있으며 유기화합물 등에서 H와 OH를 물 분자H_2O로 떼어내는 탈수작용을 한다.

또한 끓는점이 높고 비휘발성이기 때문에 휘발성 산의 염과 함께 가열하면 휘발성 산을 유리시킬 수 있다.

$$NaCl+H_2SO_4 \rightarrow HCl+NaHSO_4$$

가열한 진한 황산(열농황산)은 강한 산화제로 작용한다.

• 묽은 황산

2가의 강산으로, 수소보다 이온화 경향이 강한 금속과 반응해 수소를 발생시킨다.

$$Zn+H_2SO_4 \rightarrow ZnSO_4+H_2$$

또한 약산 염에 넣으면 약산이 유리된다.

$$Na_2CO_3+H_2SO_4 \rightarrow Na_2SO_4+H_2O+CO_2$$

황산의 제조법

황산은 공업적으로 접촉법이라는 방법을 이용해 이산화황SO_2을 원료로 해서 만들어진다.

접촉법

①산화바나듐(V)V_2O_5을 촉매로 사용해 이산화황을 산화시켜 삼산화황SO_3을 만든다.
②삼산화황을 진한 황산 속의 물과 반응시켜 황산의 농도를 높인다.

$$SO_2 \xrightarrow[\substack{V_2O_5 \\ (촉매)}]{} SO_3 \xrightarrow[H_2O]{} H_2SO_4$$

주) 이산화황은 석유를 정제하는 과정에서 얻어지는 황의 홑원소 물질을 태워서 만드는 경우가 많다.

OX 퀴즈

진한 황산에 물을 넣으면 다량의 열이 발생한다.

황화수소H_2S

썩은 계란 냄새가 나는 무색의 유독성 기체다. 황화철(II)FeS에 묽은 황산이나 묽은 염산을 넣어서 발생시킨다(약산의 유리: 약산 염에 강산을 반응시키면 강산이 약산 염에서 이온을 빼앗아 약산이 발생하는 현상-옮긴이).

$$FeS+H_2SO_4 \rightarrow H_2S+FeSO_4$$

물에 조금 녹으며 약한 산성을 띤다. 또한 강한 환원제로 작용한다.

금속이온이 포함된 수용액에 통과시키면 금속이온과 황화물 이온S^{2-}이 결합해 침전물을 형성하는 경우가 많다.

이산화황SO_2

자극적인 냄새가 나는 무색의 유독성 기체다. 아황산수소소듐$NaHSO_3$이나 아황산소듐Na_2SO_3에 묽은 황산 또는 묽은 염산을 넣어서 발생시킨다(약산의 유리).

$$2NaHSO_3+H_2SO_4 \rightarrow Na_2SO_4+2SO_2+2H_2O$$

$$Na_2SO_3+H_2SO_4 \rightarrow Na_2SO_4+SO_2+H_2O$$

어떤 것과 반응시키느냐에 따라 산화제로도, 환원제로도 작용한다.

물에 녹으면 아황산H_2SO_3이 되어 약한 산성을 띤다.

칼럼

퍼머의 원리

황이라 하면 화산이나 온천 등을 떠올리는 사람이 많을지도 모르나 알고 보면 우리의 몸, 예를 들어 모발에도 황이 포함되어 있다. 사실 퍼머를 할 때 이 모발에 포함된 황의 성질을 이용한다.

모발에는 '시스틴 결합'이라고 불리는 S끼리의 결합이 있다. 이 결합은 사실 머리카락의 탄력이나 강도를 결정짓는 하나의 요인이다. 예를 들어 시스틴 결합이 많으면 모발은 단단해지고, 반대로 적으면 부드러워진다. 퍼머는 이 시스틴 결합을 일단 끊어 머리카락을 부드럽게 만든 상태에서 머리 모양을 만든 뒤, 다시 시스틴 결합을 형성시켜서 만든 머리 모양을 유지시키는 것이다.

A　　O　따라서 황산을 희석할 때는 물에 진한 황산을 넣는다.

17
Cl

염소
[Chlorine]

중요도 ★★★★

원소 메모

원자량 35.453	**상온에서의 상태** 기체	**녹는점** −101℃	**끓는점** −34℃
밀도 3.214g/L(0℃)	**발견된 해** 1774년	**발견자** 카를 빌헬름 셸레	
색 황록색	**분류** 비금속·할로젠		

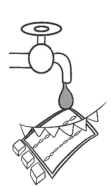

항균작용을 하기 때문에
수돗물에도 넣는다.

염소는 표백작용을 한다.

염소는 황록색 기체로,
자극적인 냄새가 난다.

소금은 염소와 소듐으로
이루어져 있다.

염소는 인체에 유독하다.

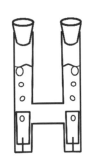

NaCl 수용액을 전기분해하면
염소를 얻을 수 있다.

OX 퀴즈

산화력이 강한 순서대로 나열하라. Cl_2, Br_2, I_2

할로젠

주기율표의 17족에 속한 원소를 할로젠이라 부르는데, 염소 또한 그중 하나다.

할로젠은 1가 음이온이 되기 쉽고, 홑원소 물질은 모두 2원자 분자이며 유색·유독성이다.

또한 할로젠은 산화력이 강하다. 할로젠 원소의 산화력을 비교하면 다음과 같은데, 원자번호가 작을수록 산화력은 강해진다.

$$F_2 > Cl_2 > Br_2 > I_2$$

염소의 성질

염소는 자극적인 냄새가 나는 황록색의 유독성 기체로, 공기보다 무거우며 구리Cu 등의 여러 물질과 화합해 염화물을 만들어낸다.

$$Cl_2 + Cu \rightarrow CuCl_2$$

빛을 쬐면 수소와 폭발적으로 반응해 염화수소를 발생시킨다.

$$Cl_2 + H_2 \rightarrow 2HCl$$

또한 물에 조금 녹아 그 일부가 하이포아염소산$HClO$이 된다.

$$Cl_2 + H_2O \rightleftarrows HCl + HClO$$

여기서 발생한 하이포아염소산은 약산이지만 강한 산화력을 지닌 하이포아염소산 이온 $ClO-$이 살균작용을 하므로 수돗물의 살균이나 표백제 등에 사용한다.

$$HClO + 2H^+ + 2e^- \rightarrow HCl + H_2O$$

A

Cl_2, Br_2, I_2

원자번호가 작을수록 산화력이 강하다.

염소의 산화 환원 반응

예를 들어 브로민화포타슘 수용액에 염소수를 넣으면 브로민Br_2이 유리된다.

$$2KBr+Cl_2 \rightarrow 2KCl+Br_2$$

이는 Br보다 Cl의 산화력이 더 강하기 때문에 Br⁻이 Cl_2에 의해 산화되어 일어나는 반응이다.

하지만 예를 들어 플루오린화포타슘 수용액에 염소수를 넣는다 해도 아래의 반응은 일어나지 않는다.

$$2KF+Cl_2 \not\rightarrow 2KCl+F_2$$

이는 Cl의 산화력이 F보다 약하기 때문이다.

제조법

공업적으로는 염화소듐 수용액의 전기분해를 이용한 이온 교환막법으로 얻을 수 있다. 실험실에서는 산화 망가니즈(IV)에 진한 염산을 넣어 가열하면 얻을 수 있다.

$$MnO_2+4HCl \rightarrow MnCl_2+2H_2O+Cl_2$$

염소 기체는 공기보다 무거우므로 발생한 염소는 하방치환으로 모은다. 하지만 염소 이외에도 물(수증기)이 발생하며 진한 염산은 휘발성도 있기 때문에 순수한 염소만을 회수하려면 좀 더 거쳐야 하는 과정이 있다. 우선 발생한 기체를 물에 통과시켜 휘발된 진한 염산을 제거하고, 이어서 진한 황산에 통과시켜 수분을 제거한다. 이로써 순수한 염소를 얻을 수 있다(※참고로 물과 진한 황산에 통과시키는 순서가 뒤바뀌면 마지막으로 통과한 물이 증발하면서 수증기가 섞여버리기 때문에 순수한 염소를 얻지 못하게 된다).

또한 표백분$CaCl(ClO) \cdot H_2O$이나 고순도 표백분$Ca(ClO)_2$에 염산을 첨가해 염소의 홑원소 물질을 얻을 수도 있다.

$$CaCl(ClO) \cdot H_2O+2HCl \rightarrow CaCl_2+2H_2O+Cl_2$$

$$Ca(ClO)_2+4HCl \rightarrow CaCl_2+2H_2O+2Cl_2$$

OX 퀴즈

하이포아염소산은 강한 산화력을 지녔다.

표백분과 염산의 반응식 만들기

앞서 소개한 표백분과 염산의 반응식은 얼핏 힘들게 외워야 할 것처럼 보이지만 두 가지 요점을 짚어두면 직접 만들 수 있다. 바로 '약산 유리 반응'과 '산화 환원 반응'이다. 하나씩 살펴보도록 하자.

하이포아염소산HClO은 약산이므로 그 염인 표백분에 강산인 염산HCl을 첨가하면 약산 유리 반응이 일어난다.

$$CaCl(ClO) \cdot H_2O + HCl \rightarrow CaCl_2 + H_2O + HClO \cdots \mathbf{1}$$

이 반응에서 유리된 하이포아염소산HClO은 산화제로, 환원제로서 작용하는 염소 이온Cl⁻과 산화 환원 반응이 일어난다.

- 산화제 $ClO^- + 2H^+ + 2e^- \rightarrow H_2O + Cl^-$
- 환원제 $2Cl^- \rightarrow Cl_2 + 2e^-$

이들 반응식을 합쳐서 산화 환원 반응식을 구한다.

$$HClO + HCl \rightarrow Cl_2 + H_2O \cdots \mathbf{2}$$

❶과 ❷의 두 식을 합치면 표백분과 염산의 반응식을 만들 수 있다.

'혼합 금지'에 관한 반응

세제에 기재된 '혼합 금지'라는 문구를 본 적이 있는지. 이 문구는 여러 세제 중에서도 특히 염소계 세제와 산성 세제를 섞으면 염소가 발생하므로 섞어서는 안 된다는 뜻이다. 염소가스는 화학병기로 쓰인 과거가 있을 만큼 독성이 강력하므로 청소를 할 때는 매우 주의해야 한다.

이는 사실 앞서 언급한 표백분과 염산의 반응식과 똑같은 반응이다. 다만 염소계 세제에는 표백분이 아닌 하이포아염소산소듐NaClO이 쓰인다. 하지만 이 또한 약산 HClO의 염이기 때문에 마찬가지로 약산 유리 반응과 산화 환원 반응이 일어나 염소가스가 발생하게 된다.

A **O** 그렇기 때문에 살균제나 표백제로 사용된다.

18
Ar

아르곤
[Argon]

원소 메모

| 원자량 | 39.948 | 상온에서의 상태 | 기체 | 녹는점 | −189℃ | 끓는점 | −186℃ |

| 밀도 | 1.784g/L(0℃) | 발견된 해 | 1894년 | 발견자 | 레일리 경, 윌리엄 램지 |

| 색 | 무색 | 분류 | 비금속·희유기체 |

희유기체인 아르곤은 화학 반응을 거의
일으키지 않는다. 이러한 성질을 이용해
형광등에 넣기도 한다.

대기 중 아르곤의 비율은 약 1%로,
질소, 산소 다음으로 많다.

대체로 1%

아르곤의 성질

헬륨과 같은 희유기체의 일종으로, 반응성이 낮은 비활성 기체다. 질소, 산소에 이어 대기 중에
세 번째로 많은 기체로, 약 1%가 함유되어 있다. 포타슘의 일부가 전자포획을 통해 아르곤이 되
므로 다른 희유기체에 비해 공기 중에 존재하는 비율이 높다.

아르곤의 이용 방법

네온과 마찬가지로 조명 봉입용 기체나 레이저에 쓰인다. 또한 안정성을 살려 가스 크로마토그
래피의 운반기체 등으로도 이용된다.

아르곤의 역사

대기를 분석하는 과정에서 미지의 기체가 존재한다는 사실을 발견한 레일리 경은 램지와 함께
그 정체가 아르곤이라는 사실을 밝혀냈다. 그 뒤로 레일리 경은 이 연구를 토대로 노벨물리학상
을 받았다.

OX 퀴즈
- 제1주기~제3주기 편 -

Q1 수소와 산소를 혼합한 기체에 불을 붙이면 폭발적으로 반응해 물이 생성된다.

A1 ⭕ $H_2+O_2 \rightarrow H_2O$의 반응이 발생한다.

Q2 수소는 고온에서 다양한 금속의 산화물을 환원시킬 수 있다.

A2 ⭕ 산화물에 포함된 산소와 반응해 금속의 홑원소 물질을 생성시킨다.

Q3 헬륨·네온·아르곤은 모두 공기보다 가볍다.

A3 ❌ 공기의 평균 분자량 28.8에 비해 아르곤의 분자량은 약 40으로 공기보다 무겁다.

Q4 불꽃놀이가 다채로운 색을 띠는 것은 불꽃 반응 때문이다.

A4 ⭕ 어떠한 금속을 넣었느냐에 따라 불꽃의 색이 달라진다. 중요 체크!

Q5 흑연은 전기가 잘 통하므로 알루미늄의 전해정련에 이용된다.

A5 ⭕ 흑연은 금속이 아니지만 전기가 잘 통하는 예외적인 물질이다.

Q6 풀러렌C60은 공처럼 둥근 형태의 분자다.

A6 ⭕ 풀러렌은 탄소 동소체의 일종.

Q7 암모니아를 모아놓은 둥근 플라스크의 입구에 진한 염산을 묻힌 유리봉을 가져가자 흰 연기가 발생했다.

A7 ⭕ 흰색 고체인 염화암모늄NH_4Cl이 발생한다. 염소의 검출에 이용된다.

Q8 일산화질소NO는 물에 잘 녹는 기체다.

A8 ❌ 일산화질소는 물에 잘 녹지 않으나 이산화질소는 물과 반응해 질산을 발생시킨다.

Q9　암모니아를 실험실에서 얻으려면 염화암모늄에 강산을 첨가한다.

A9　✗　암모니아를 얻으려면 약염기 유리 반응에 따라 강염기를 첨가해야 한다.

Q10　산소는 액체공기를 분별증류해 제조한다.

A10　◯　마찬가지로 질소 역시 액체공기를 분별증류해 제조한다.

Q11　플루오린화수소는 형석에 진한 염산을 첨가하고 가열하면 만들 수 있다.

A11　✗　형석에 진한 황산을 첨가해 만든다. 반응식은 35쪽을 참조!

Q12　유리의 원료로 사용하는 탄산수소소듐은 암모니아소다법(솔베이법)으로 합성할 수 있다.

A12　✗　유리의 원료이자 암모니아소다법으로 합성되는 것은 탄산소듐이다.

Q13　마그네슘은 찬물에는 거의 반응하지 않으나 뜨거운 물에는 반응한다.

A13　◯　Mg은 알칼리토금속과는 다른 반응을 보이는 일례다.

Q14　황산마그네슘$MgSO_4$은 물에 잘 녹지 않는다.

A14　✗　Mg와는 달리 알칼리토금속의 황산염은 물에 잘 녹지 않는다.

Q15　알루미늄은 묽은 질산과 진한 질산 모두에 녹는다.

A15　✗　묽은 질산에는 녹지만 진한 질산은 표면에 산화 피막을 형성해 부동태가 되기 때문에 녹지 않는다.

Q16　규소는 다이아몬드와 동일한 결정 구조를 지닌다.

A16　◯　규소의 홑원소 물질은 다이아몬드와 마찬가지로 공유결합결정이다.

Q17　규소의 홑원소 물질은 반도체의 성질을 띠며 집적회로에 쓰인다.

A17　◯　규소에 약간의 불순물(P나 B 등)을 섞은 것은 반도체로 널리 쓰인다.

Q18 규소는 지각 내부에 홑원소 물질로서 존재한다.

A18 ✖ 지각 내부에는 이산화규소로서 존재한다.

Q19 황린과 적린은 모두 공기 중에서 자연 발화한다.

A19 ✖ 공기 중에서 발화하는 것은 황린뿐이다.

Q20 황산의 동소체로는 고무와 비슷한 탄성을 지닌 것이 있다.

A20 ○ 3개의 동소체 중 고무 황은 탄성이 있다.

Q21 진한 황산을 넣으면 슈크로스(자당)는 검게 변한다.

A21 ○ 진한 황산의 탈수작용에 따라 자당에서 물이 빠져나가고 탄소가 된다.

Q22 묽은 황산을 만들 때는 물을 휘저으면서 진한 황산을 조금씩 넣는다.

A22 ○ 진한 황산에 바로 물을 넣었다간 황산이 물에 녹을 때 발생하는 열 때문에 격렬하게 끓어오르며 황산이 튀기 때문에 위험하다.

Q23 황화수소는 아이오딘에 의해 환원된다.

A23 ✖ 황화수소는 환원성을 지녔으므로 H_2S 자체는 산화된다. 반응식은 $H_2S+I_2 \rightarrow 2HI+S$ 이다.

Q24 염소수에 포함된 하이포아염소산은 환원력이 강하므로 염소수는 살균제로 사용된다.

A24 ✖ 환원력이 아니라 산화력이다.

Q25 헬륨·네온·아르곤 중에서 공기 중에 가장 많이 함유된 것은 아르곤이다.

A25 ○ 아르곤은 공기 중에서 세 번째로 많이 함유된 기체다(전체의 1%).

칼럼
금속이온을 나눠보자!

화학 문제집을 풀다 보면 반드시 접하게 되는 문제 중 하나로 '금속이온의 계통분리'가 있다. 용액에 녹아 있는 몇 종류의 금속을 금속별로 침전시켜서 그 금속이 무엇인지를 알아내는 이 문제에서는 어떤 색의 침전물이 형성되는지, 그 침전물을 만들려면 용액을 어떠한 성질로 만들어야 하는지 등, 외워야 할 부분이 많다. 여기서는 자주 등장하는 금속이온과 확인 방법, 침전물의 색깔에 대해 정리해보겠다.

확인 방법	분리 대상인 금속이온	결과
염산HCl aq을 넣는다	Ag^+ Pb^{2+}	흰색 침전물($AgCl$) 흰색 침전물($PbCl_2$)
산성 조건에서 황화수소H_2S를 넣는다	Cu^{2+} Hg^{2+} Cd^{2+}	검은색 침전물(CuS) 검은색 침전물(HgS) 노란색 침전물(CdS)
암모니아 수용액NH_3 aq을 넣는다	Fe^{3+} Al^{3+}	적갈색 침전물($Fe(OH)_3$) 흰색 침전물($Al(OH)_3$)
염기성 조건에서 황화수소H_2S를 넣는다	Zn^{2+} Ni^{2+} Mn^{2+}	흰색 침전물(ZnS) 검은색 침전물(NiS) 분홍색 침전물(MnS)
탄산암모늄 수용액 $(NH_4)_2CO_3$ aq을 넣는다	Ca^{2+} Ba^{2+}	흰색 침전물($CaCO_3$) 흰색 침전물($BaCO_3$)
불꽃 반응을 살펴본다	Na^+ K^+	노란색 보라색

※ aq란 물질의 이름 뒤에 붙여서 수용액임을 나타낸다.

제 2 장

제 4 주기

제1주기~제3주기에 비해 덜 대중적이라고 생각될지도 모르지만 아직은 중요한 원소가 여럿 남아 있는 부분이 바로 이 제4주기다. 또한 제4주기에 접어들어 처음으로 전이원소(3족~11족)가 등장한다. 제4주기와 전이원소는 모두 중요하니 해설 부분을 꼼꼼하게 짚어두도록 하자.

19

K

중요도 ★★★☆

포타슘(칼륨)

[Potassium]

원소 메모

원자량 39.0983	**상온에서의 상태** 고체	**녹는점** 64℃	**끓는점** 765℃
밀도 0.862g/cm³	**발견된 해** 1807년	**발견자** 험프리 데이비	
색 은백색	**분류** 알칼리금속		

물속에서 발화하므로
석유에 넣어 보관한다.

인체에 필수적인 원소로,
건강보조식품으로도
판매된다.

K

식물의 재에서
발견되었다. 재가
비료로 쓰이는 이유는
포타슘이 포함되어
있기 때문이다.

신경전달에서
중요한 작용을 한다.

OX 퀴즈 포타슘은 밀도가 낮고 부드러운 금속이다.

물과의 반응

포타슘은 물과 반응하면 물을 환원해 수소를 발생시킨다. 또한 동시에 발생하는 수산화포타슘이 물에 녹으면서 강한 염기성을 띤다.

$$2K+2H_2O \rightarrow 2KOH+H_2$$

불꽃 반응

알칼리금속이나 알칼리토금속 등의 일부 금속은 그것들이 녹아 있는 수용액을 불에 넣으면 불꽃이 특정한 색깔로 변한다. 이를 불꽃 반응이라고 한다. 포타슘은 불꽃 반응을 하면 보라색이 되는데, 반대로 불꽃의 색이 보라색으로 변했다면 포타슘이 포함되었다는 사실을 알 수 있다.

칼럼

🧪 비료의 3요소

식물을 기를 때 사용하는 비료에 어떠한 원소가 포함되어 있는지 궁금했던 적은 없는가? 비료를 주었을 뿐인데 식물이 쑥쑥 자라는 것을 보니 틀림없이 다양한 원소가 들어있겠지……라고 생각할지도 모르겠다. 확실히 식물이 자라려면 다양한 원소가 필요하기는 하나 사실 비료에 포함된 주요 원소는 질소(→28쪽) · 인(→48쪽) · 포타슘 세 가지다. 여기서는 그중에서도 포타슘의 작용에 대해 설명해보겠다. 포타슘은 소듐(→38쪽)과 힘을 합쳐 체내의 정보를 전달하는 중요한 임무를 수행한다. 하지만 식물은 자력으로 포타슘을 만들어내지 못하며 일반적인 흙에서 얻을 수 있는 포타슘의 양은 충분치 않다. 그래서 비료로 포타슘을 보충하는 것이다.

A ┊ **O** 포타슘뿐 아니라 전반적인 알칼리금속의 공통된 성질이다.

20
Ca
칼슘
[Calcium]

중요도 ★★★☆

원소 메모

| 원자량 | 40.078 | 상온에서의 상태 | 고체 | 녹는점 | 842℃ | 끓는점 | 1503℃ |

| 밀도 | 1.55g/cm³ | 발견된 해 | 1808년 | 발견자 | 험프리 데이비 |

| 색 | 은백색 | 분류 | 알칼리토금속 |

칼슘은 뼈나 치아를 구성하는 주요 성분. 체내에 가장 많이 존재하는 미네랄이다.

칼슘 일일 섭취 권장량은, 성인 남성은 650~850mg (연령에 따라 다름), 성인 여성은 650mg이다.

탄산칼슘은 조개껍질이나 산호 골격의 주요 성분이다.

근육의 수축은 근세포 속 칼슘 이온의 농도가 변함에 따라 발생한다.

석회는 토양의 pH를 염기성에 가깝게 해주는 비료로 사용된다.

칼슘은 시멘트의 원료로도 쓰인다.

OX 퀴즈

홑원소 물질 상태의 Ca이 상온의 물과 반응해 발생하는 기체는 무엇인가?

√ **탄산칼슘CaCO₃을 중심으로 한 화합물의 반응을 기억하자**

칼슘과 이산화탄소의 관계

석회수에 이산화탄소를 주입하면 석회수가 뿌옇게 변하는 실험이 있다. 이 실험은 이산화탄소 검출법 중 하나다.

$$Ca(OH)_2 + CO_2 \rightarrow CaCO_3 + H_2O$$

이처럼 수산화칼슘Ca(OH)₂과 이산화탄소가 반응해 탄산칼슘CaCO₃ 침전물이 발생한다.

여기에 추가로 이산화탄소를 주입하면 다음과 같은 반응이 일어난다.

$$CaCO_3 + CO_2 + H_2O \rightarrow Ca(HCO_3)_2$$

탄산수소칼슘Ca(HCO₃)₂은 Ca^{2+}과 HCO_3^-처럼 전리(이온화)되어 물에 녹기 때문에 조금 전의 흰색 침전물은 사라진다.

또한 탄산칼슘은 세게 가열하면 이산화탄소를 방출하고 산화칼슘이 된다.

$$CaCO_3 \rightarrow CaO + CO_2$$

칼럼

우유를 마시면 키가 큰다는 말이 사실?

우유를 마시면 키가 쑥쑥 큰다는 말을 자주 듣는데, 사실일까? 확실히 칼슘은 뼈의 주요 성분이다. 하지만 키가 크려면 칼슘뿐 아니라 단백질이나 미네랄 등 수많은 영양소가 필요하다. 따라서 우유만 마셔서는 키가 크지 않는다. 다만 우유에는 칼슘 이외의 영양소도 풍부하게 함유되어 있어 영양가가 풍부하다.

A

수소
$$Ca + 2H_2O \rightarrow Ca(OH)_2 + H_2$$

21
Sc

스칸듐
[Scandium]

중요도 ★☆☆☆

원소 메모

원자량	44.9559
상온에서의 상태	고체
녹는점	1539℃
끓는점	2831℃
밀도	2.989g/cm³
발견된 해	1879년
발견자	라르스 닐손
색	은백색
분류	전이금속

스칸듐과 알루미늄의 합금은 항공우주용 부품이나 고급 스포츠 용품에 사용되고 있다.

칼럼

희토류 원소 중 하나

스칸듐은 '희토류 원소'라고 불리는 원소 중 하나다.

　우리 주변에서는 알루미늄에 스칸듐을 소량 첨가해 강도를 높인 알루미늄-스칸듐 합금이 다양한 방면에서 사용되고 있다.

칼럼

'에카'

지금이야 118번 원소까지 빠짐없이 채워져 있는 주기율표지만 멘델레예프Dmitri Mendeleev가 주기율표를 고안했을 당시에는 아직 발견되지 않은 원소가 대단히 많았다. 하지만 붕소B·알루미늄Al·규소Si와 비슷한 성질을 지닌 원소가 틀림없이 존재하리라 예상한 멘델레예프는 주기율표에 기재된 붕소의 아래 칸에 에카붕소, 알루미늄의 아래 칸에는 에카알루미늄, 규소의 아래 칸에는 에카규소를 임시로 배치했다. 그리고 그 예상은 멋지게 적중했다! 이후 발견된 스칸듐Sc·갈륨Ga·저마늄Ge은 멘델레예프가 예상했던 에카붕소·에카알루미늄·에카규소와 성질이 각자 동일했던 것이다. 이후로 주기율표가 개량되면서 Sc는 B의 아래 칸에서 자리를 옮기게 되었지만 Al과 Ga, Si와 Ge는 지금까지도 주기율표에서 위아래로 나란히 배치되어 있다.

22
Ti

타이타늄
[Titanium]

중요도 ★★☆☆

원소 메모

원자량 47.867　　**상온에서의 상태** 고체　　**녹는점** 1666℃　　**끓는점** 3289℃

밀도 4.54g/cm³　　**발견된 해** 1791년　　**발견자** 윌리엄 그레고르

색 은백색　　**분류** 전이금속

산화타이타늄은
광촉매 작용을 하므로
건물 벽 등에 사용된다.

산화타이타늄은
흰색이기 때문에 물감 등에도 쓰인다.

가볍고 단단하기 때문에 드릴, 안경,
비행기 등 다양한 공업제품에 쓰인다.

칼럼

알고 보면 굉장한 타이타늄의 성질

타이타늄은 성질이 가볍고, 단단하고, 강하고, 잘 녹이 슬지 않는 금속으로, 활용성이 높아 최근 다양한 방면에서 사용되기 시작했다. 예를 들어 가볍고 강한 소재가 필요한 제트엔진이나 안경 테, 그리고 바닷가처럼 녹이 슬기 쉬운 장소에 세우는 건조물 등에도 타이타늄을 사용한다.

　　타이타늄과 산소가 결합한 산화타이타늄(IV)TiO_2에는 더욱 굉장한 성질이 있다. 산화타이타 늄에 자외선을 비추면 표면에 들러붙은 유기물 때를 분해해 청결한 상태를 유지시켜주는 것이 다! 이와 같은 효과를 지닌 물질을 광촉매라 하는데, 산화타이타늄은 대표적인 광촉매에 해당한 다. 청소를 하지 않아도 청결한 상태를 유지할 수 있다는 이유로 유리창이나 외벽 등 청소하기 힘든 장소에 쓰이고 있다.

23

V

바나듐

[Vanadium]

중요도 ★★☆☆

원소 메모

원자량 50.9415	상온에서의 상태 고체	녹는점 1917℃	끓는점 3420℃
밀도 6.11g/cm³	발견된 해 1830년	발견자 닐스 가브리엘 세프스트룀	
색 은회색	분류 전이금속		

슈퍼마켓 등에서
바나듐이 함유된
생수를 팔기도 한다.

바나듐을 첨가해 강도가 높아진
강철은 공구를 만드는 데 사용된다.

칼럼

생수 이외에 바나듐을 볼 수 있는 곳

'바나듐'이라 하면 아마도 '생수'를 떠올리는 사람이 많지 않을까. 일상생활 속에서는 슈퍼마켓에서 판매하는 '바나듐 함유' 생수 말고는 접할 일이 없을지도 모르나, 사실 바나듐은 생수 외에도 다양한 곳에 존재한다.

예를 들어 드릴 날 등의 공구가 있다. 이 공구의 원료는 '강철'이라 불리는, 탄소가 함유된 철이다. 여기에 바나듐을 첨가하면 강철 안에 포함된 탄소와 바나듐이 반응해 탄화바나듐이 되면서 강철의 강도를 높여준다. 이렇게 만들어진 '바나듐 강철'은 다양한 산업 기계에 사용되고 있다.

또한 공구 이외의 사용법으로는 산화바나듐(V)이라는 화합물이 황산을 만들 때 촉매로 활약하고 있다(→52쪽).

험프리 데이비의 수많은 '발견'

멘델레예프가 고안한 주기율표는 현재 원자번호 118번 오가네손까지 말끔하게 채워져 있다. 주기율표가 이처럼 채워지기까지 수많은 과학자들의 노력이 있었다. 여기에서는 주기율표를 완성하는 데 가장 큰 공헌을 한 과학자 중 하나인 험프리 데이비 Humphry Davy라는 인물을 소개하도록 하겠다.

험프리 데이비(1778~1829)는 영국의 화학자다. 데이비 안전등이라고 불린 새로운 램프를 발명하고 마취에 사용되는 웃음가스를 연구하는 등 수많은 업적을 남겼다. 그와 동시에 전기화학의 선구자로서도 알려져 있다.

전기화학이란 문자 그대로 전기를 다루는 화학의 한 분야다. 데이비가 살았던 18세기 말부터 19세기 초는 전기를 이해하고 크게 발전시킨 시대였다. 데이비는 1800년에 볼타 Alessandro Volta가 발명한 전지의 영향을 받아 전지를 이용한 수많은 실험과 연구를 시작했다. 그 연구 과정에서 데이비는 수많은 원소를 연달아 발견했다. 1807년, 데이비는 세계 최초로 볼타 전지를 이용한 전기분해로 포타슘을 발견했고, 이후로도 전기분해를 이용한 실험을 이어나가면서 소듐, 칼슘, 바륨, 붕소 등을 분리·발견하는 데 성공했다.

이처럼 데이비는 많은 원소를 발견했지만 잊어서는 안 될 또 하나의 '발견'이 있다. 바로 마이클 패러데이 Michael Faraday라는 '인물'이다. 패러데이는 고등학교 화학이나 물리에도 '패러데이 상수', '패러데이 법칙'의 형태로 이름을 남겼듯 역사상 가장 위대한 과학자 중 한 명이다. 대장장이 집안에서 태어난 패러데이는 이렇다 할 전문적인 교육을 받지 못했다. 그런 패러데이의 능력을 꿰뚫어보고 과학의 세계로 이끈 인물이 바로 데이비였다. 데이비의 이 '발견'이 그가 과학에 남긴 가장 위대한 업적이었다고 일컬어지기까지 한다는 사실은 다소 얄궂은 일일지도 모르겠다.

24
Cr

크로뮴
[Chromium]

중요도 ★★★☆

원소 메모

| 원자량 | 51.9961 | 상온에서의 상태 | 고체 | 녹는점 | 1857℃ | 끓는점 | 2682℃ |

밀도 7.19g/cm³　발견된 해 1797년　발견자 루이 니콜라 보클랭

색 은백색　분류 전이금속

크로뮴은 단단하며 잘 부식되지 않기 때문에 철을 도금하는 데 이용된다.

크로뮴은 상태에 따라 다양한 색을 띤다. 크로뮴이라는 이름은 그리스어로 '빛깔'을 의미하는 말인 '크로마chroma'에서 따왔다.

크로뮴을 철, 니켈과 합치면 스테인리스가 생겨난다. 스테인리스는 잘 녹이 슬지 않아서 식칼부터 자동차까지 폭넓게 사용된다.

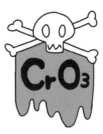

6가 크로뮴 화합물은 독성이 매우 강하다.

3가 크로뮴은 미네랄로서 인체에 필수적인 영양소다.

OX 퀴즈

크롬산 이온은 은 이온과 반응해 노란색 침전물을 발생시킨다.

크롬산 이온CrO_4^{2-}의 침전 반응

크롬산 이온은 납(II) 이온Pb^{2+}이나 바륨 이온Ba^{2+}, 은 이온Ag^+과 반응해 각각 노란색 크롬산납
(II)$PbCrO_4$ 노란색 크롬산바륨$BaCrO_4$, 적갈색 크롬산은Ag_2CrO_4 침전물을 발생시킨다.

$$Pb^{2+}+CrO_4^{2-} \rightarrow PbCrO_4 \ 등$$

니크롬산 이온$Cr_2O_7^{2-}$

니크롬산 이온은 수용액을 염기성으로 하면 크롬산 이온이 되고 용액의 색은 다홍색에서 노란
색으로 변한다. 산성으로 하면 원래대로 돌아간다.

$$Cr_2O_7^{2-}(다홍색)+2OH^- \rightarrow 2CrO_4^{2-}(노란색)+H_2O$$

$$2CrO_4^{2-}(노란색)+2H^+ \rightarrow Cr_2O_7^{2-}(다홍색)+H_2O$$

또한 니크롬산 이온은 황산 산성 수용액에서 강한 산화제로 작용해 초록색 크로뮴(III) 이온
Cr^{3+}을 발생시킨다.

$$Cr_2O_7^{2-}+14H^++6e^- \rightarrow 2Cr^{3+}+7H_2O$$

칼럼

🧪 6가 크로뮴

산화수가 +6인 크로뮴을 6가 크로뮴이라고 한다. 이 6가 크로뮴이 포함된 화합물은 강한 독성
을 띠고 있으며 발암물질로도 취급된다. 따라서 환경부에서는 엄격한 환경 기준을 적용하고 있
다. 참고로 위에서 언급한 크롬산 이온이나 니크롬산 이온 또한 6가 크로뮴 화합물에 포함된다.

A   ✕ 은 이온과 반응해 생겨나는 크롬산은은 적갈색 침전물이다.

제 4 주기 | 7족

25
Mn

망가니즈
[Manganese]

중요도 ★★★☆

원소 메모

원자량 54.938	**상온에서의 상태** 고체	**녹는점** 1246℃	**끓는점** 2062℃
밀도 7.44g/cm³	**발견된 해** 1774년	**발견자** 카를 빌헬름 셸레	
색 은백색	**분류** 전이금속		

과산화수소에 산화망가니즈(Ⅳ)를 촉매로 첨가하면 산소가 발생하는 현상은 유명하다.

산화망가니즈(Ⅳ)는 망가니즈 전지 등의 +극으로 쓰이는데, 화살표의 위치에 들어 있다.

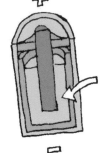

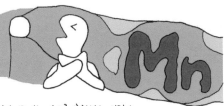

망가니즈에는 산소를 흡착하는 성질이 있기 때문에 동굴에 다량의 망가니즈가 있을 경우에는 산소가 희박해지기도 한다.

심해 밑바닥에는 망가니즈를 비롯한 금속의 수산화물 덩어리인 망가니즈 단괴가 있다.

필수 원소로도 잘 알려진 망가니즈는 황산망가니즈 등의 형태로 비료에 넣는다.

OX 퀴즈 : 황화망가니즈(Ⅱ)MnS는 검은색 고체다.

✓ 과망가니즈산포타슘은 강한 산화제로 작용한다

✓ 산화 환원 반응과 관련된 반쪽 반응식을 기억하자

과망가니즈산포타슘

과망가니즈산포타슘$KMnO_4$은 흑자색 고체로, 이것을 물에 녹이면 과망가니즈산 이온MnO_4^-이 녹은 보라색 수용액이 된다. 과망가니즈산포타슘은 강한 산화제로 작용한다.

· 산성 용액 속 과망가니즈산 이온의 반응식

$$MnO_4^- + 8H^+ + 5e^- \rightarrow Mn^{2+} + 4H_2O$$

이때 수용액은 보라색에서 Mn^{2+}의 연한 분홍색이 된다.

· 중성~염기성 용액 속 과망가니즈산 이온의 반응식

$$MnO_4^- + 2H_2O + 3e^- \rightarrow MnO_2 + 4OH^-$$

이때 수용액은 보라색에서 MnO_2의 검은색 침전물이 된다.

산화망가니즈(IV)

산화망가니즈(IV)MnO_2는 검은색 고체다. 산화망가니즈(IV)는 산화제로서 작용해 망가니즈 이온 Mn^{2+}을 발생시킨다. 또한 과산화수소수에서 산소를 발생시키는 촉매가 되기도 한다.

$$MnO_2 + 4H^+ + 2e^- \rightarrow Mn^{2+} + 2H_2O$$

$$2H_2O_2 \xrightarrow{\ MnO_2 \ 촉매\ } 2H_2O + O_2$$

A × 많은 금속 황화물은 검은색이지만 황화망가니즈는 그 예외 중 하나. MnS는 분홍색 고체다.

26

Fe

철

[Iron]

중요도 ★★★★

원소 메모

| 원자량 55.845 | 상온에서의 상태 고체 | 녹는점 1538℃ | 끓는점 2863℃ |

| 밀도 7.87g/cm³ | 발견된 해 고대 | 발견자 불명 |

| 색 은백색 | 분류 전이금속 |

철 자체나 사산화삼철인 사철(砂鐵)은 자석에 이끌리는 성질이 있다.

철은 혈액 속 적혈구에 있는 헤모글로빈이란 단백질에도 함유되어 있다.

적혈구

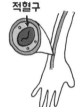

철이 공기 중에 있는 산소와 반응하면 매우 무른 빨간 녹이 생긴다.

손난로는 안에 든 철이 산소와 결합할 때 내뿜는 열 때문에 따뜻해진다.

저렴하고 가공하기 쉬우며 손에 넣기 쉬운 금속인 철은 다양한 물건에 쓰이며 인간의 생활을 풍요롭게 했다.

OX 퀴즈

철은 묽은 질산에는 녹지만 진한 질산에는 녹지 않는다.

✓ Fe^{2+}와 Fe^{3+}의 반응 차이를 정확히 정리해 외우자

✓ 각 이온 수용액의 색깔이나 침전물의 색깔도 함께 외우자

철의 제조법

철은 철광석에서 Fe_2O_3 등의 산화 상태로 추출한다. 용광로에 철광석, 코크스(탄소 덩어리)C 등을 넣고 뜨거운 바람을 불어넣으면 코크스나 코크스가 연소되면서 발생한 일산화탄소 때문에 철의 산화물이 환원되어 철이 만들어진다.

$$2Fe_2O_3+3C \rightarrow 4Fe+3CO_2$$

$$Fe_2O_3+3CO \rightarrow 2Fe+3CO_2$$

이때 얻어지는 철은 선철(銑鐵)이라 부르는데, 탄소나 불순물이 포함되어 있으며 단단하지만 깨지기 쉽다. 따라서 융해한 선철에서 불순물을 제거하고 산소를 주입해 탄소의 함유량을 감소시켜서 강철을 얻어내는데, 강철은 단단하면서도 쉽사리 깨지지 않는다.

철 홑원소 물질 Fe의 반응

철Fe은 묽은 황산이나 염산과 반응해 수소를 발생시키며 녹는다. 하지만 진한 질산에서는 부동태가 되어 반응이 진행되지 않는다.

$$Fe+H_2SO_4 \rightarrow FeSO_4+H_2$$

칼럼
한반도 고대의 제철

철의 제련과 철기의 제조는 기원전 1세기에서 4세기에 이미 한반도의 전역에서 행해지고 있었다. 고고학적으로는 가야가 출발한 기원 전후의 시기부터 300년경까지는 완전한 철기시대로 인정되고 있어, 적어도 가야의 여러 지역에서 1세기부터는 철기 사용이 보편화되고 있음을 짐작하게 한다. 그 후 4세기경부터는 철의 채굴·제련 기술이 점차 조직적으로 발전했다.

A ┊ O 진한 질산에서는 부동태가 되어 반응이 진행되지 않는다.

철의 산화물

철의 산화물로는 검은색인 산화철(II)FeO이나 적갈색인 산화철(III)Fe_2O_3, 검은색인 사산화삼철Fe_3O_4 등이 있다.

철의 녹으로는 주로 두 종류가 있다. 산화철(III)을 함유한 빨간 녹(주성분은 FeO(OH))과 사산화삼철이 주성분인 검은 녹이다. 빨간 녹은 철이 습한 공기 중 등에서 산화되면서 발생하는, 흔히들 말하는 불그스름한 '녹'을 가리킨다. 한편 검은 녹은 빨갛게 달궈진 철에 고온의 수증기를 뿌리거나 공기 중에서 철을 세게 가열하면 발생한다. 검은 녹은 철의 표면을 뒤덮어 내부를 보호해주므로 철제 제품 중에는 인공적으로 검은 녹을 입혀서 '녹이 슬지 않게' 한 것도 있다.

염화철(II)·염화철(III)

철에 염산을 첨가하면 옅은 녹색의 염화철(II)$FeCl_2$ 수용액이 된다.

$$Fe+2HCl \rightarrow FeCl_2+H_2$$

여기에 염소Cl_2를 통과시키면 황갈색의 염화철(III)$FeCl_3$ 수용액이 된다.

$$2FeCl_2+Cl_2 \rightarrow 2FeCl_3$$

칼럼

우리 몸 안의 철

철은 금속이기 때문에 인간의 몸에는 없으리라 생각하는 사람도 많지 않을까. 사실 철과 같은 일부 금속은 인간의 체내에서 중요한 역할을 수행한다.

철은 헤모글로빈이라는 단백질에 들어 있다. 이 헤모글로빈은 혈액 속 적혈구에 있으며 산소와 결합해 폐에서 전신으로 산소를 운반하는 역할을 한다.

참고로 피의 색깔이 빨간 것은 철 때문이다. 오징어나 새우 등 일부 생물의 피는 파란색인데, 이는 혈액 속에 철 대신 구리가 포함되어 있기 때문이다.

OX 퀴즈

염화철(III) 수용액에 싸이오사이안산포타슘 수용액을 첨가하면 갈색 침전물이 생겨난다.

철 이온의 반응

철의 산화수는 +2와 +3인 경우가 많으며 철 이온 역시 철(II) 이온Fe^{2+}과 철(III) 이온Fe^{3+}이 주를 이룬다.

철(II) 이온의 반응: 철(II) 이온Fe^{2+}을 함유한 수용액에 수산화소듐이나 암모니아 등의 염기 수용액을 첨가하면 녹백색 수산화철(II)$Fe(OH)_2$이 침전된다.

$$Fe^{2+}+2OH^- \rightarrow Fe(OH)_2$$

이 수산화철(II)은 산소에 의해 산화되어 적갈색 수산화철(III)$Fe(OH)_3$로 변한다.

$$4Fe(OH)_2+O_2+2H_2O \rightarrow 4Fe(OH)_3$$

또한 철(II) 이온을 함유한 수용액에 헥사사이아노철(III)산포타슘$K_3[Fe(CN)_6]$ 수용액을 첨가하면 진한 파란색 침전물이 발생한다.

철(III) 이온의 반응: 철(III) 이온Fe^{3+}을 함유한 수용액에 수산화소듐이나 암모니아 등의 염기 수용액을 첨가하면 적갈색 수산화철(III)$Fe(OH)_3$이 침전된다.

$$Fe^{3+}+3OH^- \rightarrow Fe(OH)_3$$

또한 철(III) 이온을 함유한 수용액에 헥사사이아노철(II)산포타슘$K_4[Fe(CN)_6]$ 수용액을 첨가하면 **진한 파란색** 침전물이 발생하고, 싸이오사이안산포타슘KSCN 수용액을 첨가하면 진한 **빨간색** 수용액이 된다. 참고로 위에서 만들어진 두 종류의 진한 파란색 침전물은 과거에는 다른 물질로 여겨졌지만 실제로는 동일한 화합물이다.

칼럼
원소기호의 유래
· · · · · · · · · · · · · · · · ·

철은 영어로 iron이라고 쓴다. 하지만 원소기호는 Fe다. 이 Fe의 유래는 무엇일까?

사실 철의 라틴어 표기는 ferrum으로, 여기서 앞부분을 따 Fe가 되었다. 라틴어에서 유래한 원소기호는 철 외에도 많다.

A   ✕ 진한 빨간색 수용액이 된다.

27
Co

코발트
[Cobalt]

중요도 ★★☆☆

원소 메모

| 원자량 | 58.9332 | 상온에서의 상태 | 고체 | 녹는점 | 1495℃ | 끓는점 | 2927℃ |

밀도 8.86g/cm³ 발견된 해 1735년 발견자 게오르그 브란트

색 은백색 분류 전이금속

푸른 하늘이나 바다의 빛깔을 형용하는 말인 '코발트블루'는 알루미늄산코발트의 색이다.

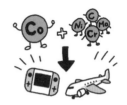

코발트와 다른 물질을 섞은 합금은 열에 강하거나 단단해진다.

칼럼

염화코발트 종이

여러분은 염화코발트 종이라는 실험도구를 알고 있는가? 중학생 이상이라면 한 번쯤은 과학 실험 때 사용해본 사람도 많으리라 생각된다.

　반응하기 전에는 파란색 종이지만, 수분과 반응하면 분홍색이 되기 때문에 물을 검출하는 데 사용할 수 있다.

　그렇다면 색이 변하는 이유는 무엇일까. 염화코발트 종이에는 이름에서 알 수 있듯이 염화코발트(II)$CoCl_2$가 포함되어 있다. 이때는 물을 함유하지 않은 무수염이라는 상태로, 파란색을 띤다. 물을 흡수하면 파란색 염화코발트(II) 무수염은 분홍색 염화코발트(II) 6수화물$CoCl_2 \cdot 6H_2O$로 변하기 때문에 종이의 색깔 역시 분홍색으로 변하는 것이다. 신기한 종이의 원리, 이해가 되었는지?

　참고로 6수화물이 되면서 색깔이 생기는 이유는 대학교에 올라가야 간신히 이해할 수 있을 정도로 무척 어렵지만 관심이 있다면 알아보기를 바란다.

28
Ni

니켈
[Nickel]

원소 메모

원자량 58.6934	상온에서의 상태 고체	녹는점 1455℃	끓는점 2913℃
밀도 8.902g/cm³	발견된 해 1751년	발견자 악셀 크론스테트	
색 은백색	분류 전이금속		

스테인리스강은 니켈이 포함된
합금으로 녹이 잘 슬지 않아
싱크대 등에 쓰인다.

니켈과 크로뮴의 합금인 니크롬은
전기레인지 등에 쓰인다.

칼럼

의외로 주변에서 찾아보기 쉬운 니켈

‘니켈’이라는 금속을 일상에서 실제로 보는 사람은 거의 없을 것이다. 어쩌면 화학책에 등장하기 전까지 몰랐다는 사람도 있지 않을까. 하지만 뜻밖에도 니켈은 우리 주변 가까운 곳에서 쓰이고 있다. 다만 니켈이 그대로 쓰이지는 않는다. 다른 금속과 섞인 합금의 형태로 쓰인다.

가장 친숙한 니켈 합금은 스테인리스강일 것이다. 스테인리스강은 철에 크로뮴이나 니켈, 탄소를 섞어서 만드는 합금으로, 녹이 잘 슬지 않는다. 그래서 주방 싱크대 등 녹이 슬기 쉬운 부분에 사용되는 경우가 많다.

그 외에 주변에서 니켈 합금이 사용되는 사례로는 난방기구 등에 쓰이는 전열선을 꼽을 수 있다. 전열선에는 니켈과 크로뮴을 섞은 합금인 니크롬이 자주 쓰이고 있다.

29
Cu

구리
[Copper]

중요도 ★★★★

원소 메모

원자량 63.546	**상온에서의 상태** 고체	**녹는점** 1085℃	**끓는점** 2562℃
밀도 8.96g/cm³	**발견된 해** 고대	**발견자** 불명	
색 빨간색	**분류** 전이금속		

구리 이온은 파란색.
테트라암민 구리 이온은
짙은 파란색.

구리는 전기전도성, 열전도율 모두 은에
이어 2위. 3위는 금. 은은 가격이 비싸기
때문에 저렴한 구리를 전선 등에
사용한다.

산화력이 있는 산, 다시 말해
질산이나 열농황산에 녹는다.

동전의 대부분은 구리와 다른 금속의
합금으로 이루어져 있다.

일본에 있는 신사나 절의 지붕이
초록색인 것은 구리로 만든 기와가
비와 반응해 '녹청'으로 변했을
가능성이 높다

OX 퀴즈

구리는 묽은 질산과 진한 질산에 모두 녹는다.

√ 홑원소 물질과 다양한 산의 반응식

√ 전해정련의 반응식

√ 화합물의 색깔

구리 홑원소 물질 Cu의 성질

홑원소 물질 상태의 구리는 빨간색 광택이 나는 금속이다. 이온화 경향이 약한 금속으로, 염산이나 묽은 황산과는 반응하지 않고 산화력이 있는 산(질산이나 열농황산)과 반응한다.

· 묽은 질산과의 반응식

$$3Cu+8HNO_3(묽은\ 질산) \rightarrow 3Cu(NO_3)_2+4H_2O+2NO$$

· 진한 질산과의 반응식

$$Cu+4HNO_3(진한\ 질산) \rightarrow Cu(NO_3)_2+2H_2O+2NO_2$$

· 열농황산과의 반응식

$$Cu+2H_2SO_4 \rightarrow CuSO_4+2H_2O+SO_2$$

칼럼

색깔이 다채로운 구리!?

청동, 황동, 백동이라는 단어를 들어본 적이 있는가? '구리는 적갈색인데 왜 청이나 황이라는 글자가 붙었을까?'라고 생각하는 사람도 있을지 모르나, 이는 모두 합금의 이름이다.

청동은 구리에 주석을 섞은 합금으로, 브론즈라고도 한다. 황동(또 다른 이름은 놋쇠)은 구리에 아연을 섞은 합금이다. 그리고 백동은 구리에 니켈을 섞은 합금이다. 구리와 아연, 니켈을 섞은 합금은 양백이라 부른다.

이처럼 구리에 색을 뜻하는 이름이 붙은 합금 이외에도 구리를 섞은 합금은 매우 많아, 다양한 곳에 사용되고 있다.

A O 산화력이 있는 산이라면 구리를 녹일 수 있다.

구리의 정련

자연계에서 구리는 황동광(주성분은 $CuFeS_2$)이라는 광석 안에 들어 있다. 여기에 석회석 등을 섞어서 가열하면 황화구리(I)Cu_2S가 만들어지는데, 이것을 다시 공기 중에서 세게 가열하면 순도 약 99%의 거친구리를 얻을 수 있다.

하지만 공업적으로 사용하려면 이 정도로는 충분치 않다. 이 거친구리에서 더욱 순도가 높은 구리를 얻기 위한 방법을 '전해정련'이라고 한다.

전해정련에서는 거친구리판을 +극, 순 구리판을 -극으로 해서 황산구리(II) 수용액을 전기분해한다. 각각의 극에서 발생하는 반응은 이하의 반응식으로 나타낼 수 있다.

$$(-극)\ Cu^{2+} + 2e^- \rightarrow Cu$$

$$(+극)\ Cu \rightarrow Cu^{2+} + 2e^-$$

이 과정을 통해 +극의 거친구리가 녹으며 -극에서 순수한 구리가 석출된다. 이때 거친구리판에 섞여 있던 불순물 중에서 구리보다도 이온화 경향이 약한 금속(금이나 은 등)은 양극 찌꺼기로서 +극 밑에 가라앉는다.

칼럼

동메달은 몇 등?

현재 운동 경기 등에서 동메달은 3위에 오른 선수가 받는다. 하지만 동메달이 3위가 아니었던 적이 있다.

바로 1896년 제1회 아테네 올림픽에서다. 이 대회는 재정적으로 금메달을 준비할 만한 상황이 아니었기 때문에 1위에게 은메달, 2위에게 동메달, 3위에게는 상장을 수여했다. 이어서 1900년에 개최된 파리 올림픽에서는 지금과 마찬가지로 1위에게 금메달, 2위에게 은메달, 3위에게 동메달을 수여했다(하지만 이 대회 역시 이런저런 사정 때문에 선수에게 메달을 직접 건넨 것은 개최되고 2년이 지난 후였다고……).

2위가 동메달이었던 올림픽이 있었다니, 이 또한 신기한 사실이다.

OX 퀴즈

구리는 홑원소 물질 상태의 금속 중에서 가장 전기전도성이 높다.

화합물의 성질

• 산화물 Cu_2O, CuO

구리의 산화물로는 두 종류가 있다. 홑원소 물질 상태의 구리를 공기 중에서 가열하면 먼저 검은색의 산화구리(II) CuO가 된다. 이것을 다시 1000℃ 이상으로 가열하면 빨간색의 산화구리(I) Cu_2O가 된다.

• 황산구리(II) $CuSO_4$

황산구리(II) 무수물은 하얀색의 분말이다. 이것은 물과 접촉하면 황산구리(II) 5수화물 $CuSO_4 \cdot 5H_2O$이라는 파란색 물질로 변한다. 무수물인 황산구리(II)는 이 성질을 이용해 물을 검출하는 데 사용한다.

• 구리 이온과 수산화구리(II)와 테트라암민구리(II) 이온

2가 구리 이온 Cu^{2+}을 함유한 수용액은 파란색이 된다. 그 수용액에 수산화소듐 수용액, 또는 소량의 암모니아수를 첨가하면 청백색 수산화구리(II) 침전물이 생겨난다.

$$Cu^{2+}+2OH^- \rightarrow Cu(OH)_2$$

수산화구리(II) 침전물에 과량의 암모니아수를 첨가하면 침전물이 녹아 테트라암민구리(II) 이온이 발생해 짙은 파란색 수용액이 된다.

$$Cu(OH)_2+4NH_3 \rightarrow [Cu(NH_3)_4]^{2+}+2OH^-$$

• 황화구리(II)

구리(II) 이온을 함유한 수용액에 황화수소 H_2S를 통과시키면 2가 황화물 CuS의 검은색 침전물이 발생한다.

$$Cu^{2+}+H_2S \rightarrow CuS+2H^+$$

A ✕ 은이 가장 높다.
하지만 비용 문제 때문에 길가의 전선에는 구리를 쓴다.

30
Zn

아연
[Zinc]

중요도 ★★★☆

원소 메모

원자량 65.38	**상온에서의 상태** 고체	**녹는점** 420℃	**끓는점** 907℃
밀도 7.135g/cm³	**발견된 해** 1746년	**발견자** 안드레아스 마르그라프	
색 청백색	**분류** 금속·아연족		

함석은 철을 아연으로 도금한 것이다. 아연이 철을 대신해 산화되기 때문에 잘 녹이 슬지 않는다.

테트라암민아연 이온이라는 정사면체 형태의 착물*을 형성하기 때문에 수산화아연은 암모니아수에도 녹는다.

효소의 작용 등에 관여하는, 인체에 반드시 필요한 원소다.

황동(놋쇠)은 구리와 아연의 합금. 브라스밴드의 brass는 놋쇠라는 뜻이다.

양성원소다. 산, 강염기 모두에 반응한다. 고온의 수증기와도 반응한다.

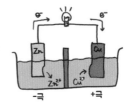

이온화 경향이 강하기 때문에 다니엘 전지의 −극에 사용되었다.

OX 퀴즈

아연은 묽은 황산과 묽은 염산 모두에 녹는다.

양성원소

아연은 Al, Sn, Pn 등과 함께 대표적인 양성원소 중 하나다. 다시 말해 산, 강염기 모두에 녹는다.

$$Zn+2HCl \rightarrow ZnCl_2+H_2$$

$$Zn+2NaOH+2H_2O \rightarrow Na_2[Zn(OH)_4]+H_2$$

착이온

수산화아연$Zn(OH)_2$은 염기나 암모니아수를 과량으로 첨가하면 착이온을 형성하며 용해되고, 모두 무색의 수용액이 된다.

$$Zn(OH)_2+2NaOH \rightarrow Na_2[Zn(OH)_4]$$

$$Zn(OH)_2+4NH_3 \rightarrow [Zn(NH_3)_4]^{2+}+2OH^-$$

도금, 합금

아연은 도금이나 합금의 형태로 자주 쓰인다. 예를 들어 **함석**은 철에 아연을 도금한 것을 가리킨다. 또한 합금으로서는 구리와 아연을 섞어서 만드는 **황동**을 꼽을 수 있다. 그 일례로 대부분의 금관악기는 황동으로 제작된다.

* 1개나 그 이상의 원자 혹은 이온을 중심으로 다수의 다른 이온이나 원자단, 분자 등이 입체적으로 결합된 물질을 뜻함-옮긴이

A ○ 아연은 양성원소이기 때문에 이와 같은 산뿐만 아니라 염기에도 녹는다.

31
Ga

갈륨
[Gallium]

중요도 ★★☆☆

원소 메모

원자량 69.723	**상온에서의 상태** 고체	**녹는점** 29.8℃	**끓는점** 2403℃
밀도 5.905g/cm³	**발견된 해** 1875년	**발견자** 폴 부아보드랑	
색 청백색	**분류** 금속·붕소족		

잘 녹는다는 점을 이용해 숟가락
구부리기 등의 마술에 쓰이기도 한다.

↙ Ga

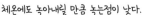

체온에도 녹아내릴 만큼 녹는점이 낮다.

부숴버리겠어......

다른 금속의 내부에 침투해
붕괴시킨다.

성질

금속이지만 녹는점이 29.8℃로 낮은 한편, 끓는점은 2403℃로 매우 높다. 물과 마찬가지로 비정상 액체이기 때문에 고체일 때보다 액체일 때 밀도가 더 높다. 산과 염기 모두에 녹는 양성금속이다.

용도

주된 용도는 질화갈륨이나 비화갈륨으로 대표되는 반도체의 재료. 2014년에 노벨물리학상을 받은 청색 발광 다이오드에도 사용되고 있다.

마술의 소재

녹는점이 낮아서 체온에 녹아내린다는 점을 이용해 숟가락을 구부리거나 잘라버리는 마술에 사용되기도 한다.

32
Ge

저마늄
[Germanium]

중요도 ★☆☆☆

원소 메모

원자량 72.63	**상온에서의 상태** 고체	**녹는점** 938℃	**끓는점** 2833℃
밀도 5.323g/cm³	**발견된 해** 1886년	**발견자** 클레멘스 빙클러	
색 회백색	**분류** 반금속·탄소족		

라디오나 전자기타에
사용된다.

칼럼
어디에 사용될까?

저마늄을 이용한 저마늄 다이오드라는
전자부품은 라디오나 전자기타에 사용
된다. 일반적인 다이오드에 비해 약한
신호를 취급하기에 좋다.

칼럼
초신성 폭발로 보는 원소

우주를 떠도는 별 중에서도 태양보다 20배 이상 무거운 항성은 마지막에 초신성 폭발을 일으킨
다. 사실 항성이 초신성 폭발을 일으키기까지 별 내부에서는 다양한 원소가 만들어진다. 여기에
서는 그 과정을 추적해보도록 하겠다.

　　우선 항성 내부에서는 언제나 수소 원자에서 헬륨 원자를 만들어내는 핵융합 반응이 벌어지
는데, 이때 방출되는 에너지를 바탕으로 빛을 낸다. 하지만 항성 중에서도 특히 중량이 무거운
별은 수소가 사라진 뒤로도 핵융합 반응이 이어진다. 헬륨에서 탄소, 탄소에서 산소, 산소에서
규소…… 이런 식으로 원자량이 큰 원소가 계속해서 합성되다 최종적으로 철로 이루어진 핵이
생겨났을 때 초신성 폭발을 일으킨다. 우주에 존재하는 수소·헬륨 이외의 무거운 원소는 초신
성 폭발을 통해 흩뿌려진 것이다.

33

As

비소
[Arsenic]

중요도 ★★☆☆

원소 메모

원자량	74.9216	상온에서의 상태	고체	녹는점	817℃	끓는점	603℃
				(압력을 가한 상태)		(승화)	
밀도	5.78g/cm³	발견된 해	13세기	발견자	알베르투스 마그누스		
색	회색·노란색·검은색(동소체)	분류	반금속·질소족				

갈륨과의 화합물은 반도체로,
태양전지나 적색 LED에 사용된다.

아주 적은 양이
생물에게 필요하며
새우나 조개 등
어패류에 들어 있다.

여러 생물에게 독으로 작용하기
때문에 쥐약으로 쓰인다.

칼럼

비소는 맹독

비소는 같은 15족 원소인 인과 물리적·화학적 성질이 비슷하다. 인은 DNA나 세포막 등 생체 내부의 다양한 부분에서 쓰이는데, 그런 인을 대신해 비소가 침투했다간 생체에 악영향을 끼친다. 비소나 그 화합물을 섭취하면 비소 중독에 걸리거나 골수나 신경에 이상을 초래하기도 한다.

하지만 비소 화합물 중에는 독성이 없는 것도 있으며 인체에도 적게나마 존재하기 때문에 비소는 필수 원소로 받아들여지고 있다. 독성이 없는 비소 화합물은 굴이나 새우와 같은 어패류나 해초에 들어 있다.

또한 갈륨과의 화합물인 비화갈륨GaAs은 적색광이나 적외선 발광 다이오드에 사용되는 등, 비소는 우리 주변에 많은 도움을 준다. 독성이 있는 물질도 적절히 사용하면 삶을 편리하게 해준다.

34
Se

셀레늄
[Selenium]

원소 메모

원자량 78.971	**상온에서의 상태** 고체	**녹는점** 220℃	**끓는점** 685℃
밀도 4.79g/cm³	**발견된 해** 1817년	**발견자** 옌스 야코브 베르셀리우스
색 회색	**분류** 반금속 · 산소족	

셀레늄은 유리를 빨간색으로 착색할 수 있다.

칼럼

과거에는 정류기에 사용되었다

셀레늄은 반도체의 성질을 지녔기 때문에 정류기라는 전자부품에 사용되었다. 하지만 셀레늄이 독성이 있는 유해물질이라는 점과 소형화에는 적합하지 않다는 점 때문에 셀레늄을 사용한 정류기는 점차 사라져가고 있다.

칼럼

제4주기 원소를 쉽게 외우는 법

1번부터 20번 원소까지를 외우는 방법인 '수헬리베/붕탄질산/플네나마/알규인황/염아칼칼'은 비교적 유명한데, 그 외에 포타슘(칼륨)과 칼슘을 제외한 나머지 제4주기 원소 16개를 외우는 방법도 있다.

Sc Ti V Cr Mn Fe Co Ni Cu Zn Ga Ge As Se Br Kr
스 티 브 씨 마 페 코 니 커 아연 가 게 애 서 브 크

"스티브 치마 뺏고, 네 것 아니면 가게에서 벗고"

억지스럽다는 점은 부정할 수 없지만…… 제4주기까지 외워놓으면 여러모로 편리하다. 필히 주문처럼 읊어보자.

중요도 ★★☆☆

35

Br

브로민

[Bromine]

원소 메모

원자량 79.904	상온에서의 상태 액체	녹는점 −7℃	끓는점 59℃
밀도 3.12g/cm³	발견된 해 1826년	발견자 앙투안 발라르	
색 적갈색	분류 비금속·할로젠		

브로민화은AgBr은 사진의 강광제로 이용된다.

브로민은 적갈색 액체다. 옛 이름인 취소(臭素)에서 알 수 있듯 자극적인 냄새가 난다.

브로민화수소HBr는 자극적인 냄새가 나는 기체다. 수용액은 강산성이다.

성질

비금속 원소 중 상온·상압에서 액체인 유일한 원소다. 색깔은 적갈색으로, 휘발성이 강하며 기체일 때도 색이 있다(빨간색).

또한 할로젠이기 때문에 반응성이 높고 산화력이 강하다는 점 등, 다른 17족 할로젠과 비슷한 성질을 지닌다.

용도

휘발유의 첨가제나 소화기 등에 쓰이지만 환경에 끼치는 영향 때문에 현재는 사용을 줄이는 추세다.

사진

과거에는 사진의 감광제로 브로민화은AgBr을 사용했으며, 브로민은 배우나 가수 등의 사진을 말하는 브로마이드의 어원이기도 하다.

36
Kr

크립톤
[Krypton]

중요도 ★☆☆☆

원소 메모

원자량 83.8	**상온에서의 상태** 기체	**녹는점** −157℃	**끓는점** −152℃

밀도 3.735g/L **발견된 해** 1898년 **발견자** 윌리엄 램지, 모리스 트래버스

색 무색 **분류** 비금속·희유기체

칼럼

희유기체 크립톤

크립톤은 18족 원소이기 때문에 희유기체이며 비활성 기체다. 이러한 성질 때문에 필라멘트가 승화되지 않게끔 안에 크립톤을 채워놓은 백열전구도 있다. 이러한 전구는 크립톤 램프라고도 부른다.

크립톤은 분자량이 크므로 백열전구 안에 채워놓으면 필라멘트가 오랫동안 유지된다.

OX 퀴즈
- 제4주기 편 -

Q1 포타슘의 불꽃 반응은 보라색이다.

A1 O 불꽃 반응의 색에 관한 문제는 자주 나오므로 중요 체크!

Q2 포타슘 홑원소 물질은 물에 넣어 보관한다.

A2 ✗ 포타슘 같은 알칼리금속은 산소나 물과 쉽게 반응하므로 석유에 넣어서 보관한다.

Q3 칼슘은 물과 반응해 산소를 발생시킨다.

A3 ✗ 수소가 발생한다. $Ca + H_2O \rightarrow CaO + H_2$

Q4 대리석의 주성분은 탄산칼슘이기 때문에 대리석 조각은 산성비에 피해를 입기도 한다.

A4 O 탄산칼슘은 산과 반응해 이산화탄소를 발생시키며 녹는다.

Q5 염화칼슘은 겨울철에 도로 동결 방지제로 쓰인다.

A5 O 염화칼슘은 물에 녹으면 열을 방출하며 물의 어는점을 낮추기 때문에 동결 방지제로 쓰인다.

Q6 산화칼슘, 수산화칼슘의 또 다른 이름은 각각 생석회, 소석회다.

A6 O 다른 이름으로 나오더라도 알 수 있게끔 기억해두자!

Q7 석회수에 입김을 불어넣으면 뿌옇게 변하고, 그 뒤로는 아무리 불어도 변하지 않는다.

A7 ✗ 뿌옇게 변한 뒤로도 계속 입김을 불어넣으면 하얀 침전물이 사라지며 투명해진다. 반응식은 67쪽을 참조!

Q8 크롬산납(II), 크롬산바륨, 크롬산은은 모두 노란색 침전물이다.

A8 ✗ 크롬산은은 적갈색 침전물이다. 나머지는 노란색 침전물이 맞다.

Q9 니크롬산 이온은 황산 산성 용액 안에서 강한 산화제로 작용한다.

A9 ◯ 산화제로서 반응해 크로뮴(III) 이온을 발생시킨다. 반응식은 73쪽을 참조!

Q10 과망가니즈산포타슘은 강한 환원제로 작용한다.

A10 ✕ 강한 산화제로 작용한다. 반응식은 75쪽을 참조!

Q11 산화망가니즈(IV)는 과산화수소수와 반응해 산소를 발생시킨다.

A11 ✕ 산화망가니즈(IV)는 어디까지나 촉매다. $2H_2O_2 \rightarrow 2H_2O + O_2$

Q12 일회용 손난로가 열을 내는 원리는 손난로 속 철가루가 산화해서다.

A12 ◯ 일회용 손난로는 철이 산화될 때의 반응열을 이용한다.

Q13 철은 수소보다 이온화 경향이 강하기 때문에 진한 질산에 녹는다.

A13 ✕ 철에 진한 질산을 첨가하면 부동태가 되기 때문에 녹지 않는다.

Q14 철(II) 이온에 헥사사이아노철(III)산포타슘 수용액을 첨가하면 진한 파란색 침전물이 생긴다.

A14 ◯ 철의 가수(價數)를 잘 기억해두자!

Q15 철(III) 이온에 헥사사이아노철(II)산포타슘 수용액을 첨가하면 진한 파란색 침전물이 생긴다.

A15 ◯ Q14와 마찬가지로 진한 파란색 침전물이 생긴다. 철의 가수를 잘 기억해두자!

Q16 염화코발트 종이는 물을 검출하는 데 쓰인다.

A16 ◯ 파란색 염화코발트 종이는 물과 반응해 분홍색으로 변한다.

Q17 스테인리스강에는 니켈이 들어 있다.

A17 ◯ 철에 크롬이나 니켈·탄소를 첨가한 스테인리스강은 녹이 잘 슬지 않는다.

Q18 100원짜리 동전에는 니켈이 함유된다.

A18 ○ 100원, 500원짜리 동전의 재료인 백동은 구리와 니켈의 합금이다.

Q19 구리는 열농황산과 반응해 녹는다.

A19 ○ 구리는 수소보다 이온화 경향이 약하기 때문에 산화력이 있는 산에 녹는다.

Q20 황산구리(Ⅱ) 수용액에 묽은 염산을 첨가하고 황화수소를 통과시키더라도 침전물은 생기지 않는다.

A20 ✕ 구리(Ⅱ) 이온을 포함한 수용액에 황화수소를 통과시키면 검은색 침전물(황화구리 (Ⅱ))이 생긴다.

Q21 황산구리(Ⅱ) 수용액에 소량의 암모니아수를 첨가하면 침전물이 생기지만 추가로 첨가하면 앞서 생겨난 침전물이 녹는다.

A21 ○ 다량의 암모니아수를 첨가하면 구리 이온과 암모니아에서 착이온이 형성되기 때문에 침전물이 용해된다.

Q22 황산구리(Ⅱ) 수용액에 아연 알갱이를 넣으면 구리의 홑원소 물질이 석출된다.

A22 ○ 이온화 경향이 $Zn>Cu$이므로 구리가 석출된다.

Q23 철을 아연으로 도금한 것은 함석이라는 이름으로 사용된다.

A23 ○ 철보다 이온화 경향이 강한 아연이 먼저 산화되기 때문에 철이 잘 녹슬지 않는다.

Q24 전형원소의 홑원소 물질은 상온·상압에서 기체 혹은 고체다.

A24 ✕ 브로민Br_2은 상온·상압에서 액체다.

Q25 브로민을 염화포타슘 수용액에 넣으면 염소가 생성된다.

A25 ✕ 홑원소 물질의 산화력은 $Cl_2>Br_2$이기 때문에 '염소를 브로민화포타슘 수용액에' 넣는다면 브로민이 생성되겠으나 반대의 반응은 일어나지 않는다.

제 3 장

물주기

제5주기

아마도 이 제5주기부터 낯선 원소가 점점 늘어나기 시작할 것이다. 그중에서도 일상에서 접하기 쉬운 원소—은·주석·아이오딘은 알고 있는 사람이 많겠으나—는 화학에서도 마찬가지로 중요하기 때문에 반드시 읽어보기를 바란다.

제 5 주기 | 1족

37

Rb

루비듐

[Rubidium]

중요도 ★☆☆☆

원소 메모

| 원자량 | 85.4678 | 상온에서의 상태 | 고체 | 녹는점 | 39℃ | 끓는점 | 688℃ |

| 밀도 | 1.532g/cm³ | 발견된 해 | 1861년 | 발견자 | 로베르트 분젠, 구스타프 키르히호프 |

| 색 | 은백색 | 분류 | 알칼리금속 |

탄산루비듐은 카메라의
렌즈 등에 첨가된다.

칼럼

흘러간 시간을 측정해주는 원소

루비듐의 동위원소 중 하나인 ^{87}Rb은 루비듐-스트론튬법이라 불리는 연대측정법에 이용된다. 이 방법을 이용해 지구가 형성된 연대나 태양계의 생성 연대 등을 추정할 수 있다.

비슷한 방법으로 탄소의 동위원소인 ^{14}C를 이용한 연대측정법도 있다.

칼럼

연대측정과 반감기

위의 칼럼에서는 연대측정에 대해 언급했다. 그렇다면 이번에는 연대를 측정하는 방법에 대해 살펴보도록 하겠다.

연대측정에서 핵심 단어는 반감기다. 반감기란 방사성 동위원소가 방사선을 방출해 다른 원소로 변하며(이를 붕괴라고 한다) 동위원소가 본래의 양에서 절반으로 줄어들기까지 걸리는 시간을 뜻한다. 반감기는 동위원소마다 다르다. 예를 들어 앞서 언급된 ^{87}Rb의 반감기는 488억 년, ^{14}C는 5730년이다. 인공적으로 만들어진 원소 중에는 1초도 걸리지 않는 것도 여럿 있다.

^{14}C를 이용한 연대측정에서는 안정된 ^{12}C와의 존재비를 구해, 양이 절반으로 줄었다면 약 5730년, 1/4이라면 5730×2=약 11460년 전의 것이라 판단할 수 있다.

38

Sr

스트론튬

[Strontium]

원소 메모

원자량 87.62	**상온에서의 상태** 고체	**녹는점** 777℃	**끓는점** 1414℃

밀도 2.54g/cm³ | **발견된 해** 1787년 | **발견자** 어데어 크로퍼드, 윌리엄 크뤽생크

색 은백색 | **분류** 알칼리토금속

예전 텔레비전 브라운관, 그 유리
부분에 스트론튬이 들어간다.

불꽃놀이의 빨간색(다홍색)은 스트론튬의
불꽃 반응 색이다.

알칼리토금속

스트론튬Sr은 알칼리토금속 중 하나다. 상온에서 물과 반응해 수산화물과 수소를 발생시킨다.
불꽃 반응을 보이며 반응의 색깔은 빨간색(다홍색)이다.

불꽃 반응 색을 외우는 법

알칼리금속이나 알칼리토금속, 구리 등의 화합물을 불꽃에 집어넣으면 각 원소 특유의 불꽃색
을 볼 수 있다. 따라서 불꽃 반응은 이 원소들을 검출하는 데 자주 사용된다.

　불꽃 반응을 보이는 원소와 색깔을 외우는 방법은 사람마다 제각각이지만 한 가지 예를 제
시해보겠다.

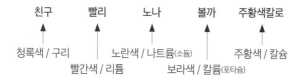

친구	빨리	노나	볼까	주황색칼로

청록색 / 구리 　　　노란색 / 나트륨(소듐) 　　　주황색 / 칼슘
　　　빨간색 / 리튬 　　　보라색 / 칼륨(포타슘)

제 **5** 주기 3족

39

Y

이트륨

[Yttrium]

원소 메모

| 원자량 | 88.9058 | 상온에서의 상태 | 고체 | 녹는점 | 1522℃ | 끓는점 | 3338℃ |

밀도 4.469g/cm³　　발견된 해 1794년　　발견자 요한 가돌린

색 은백색　　분류 전이금속

액체질소 N_2

자석

초전도체의 재료로 사용된다.

칼럼

초전도체

초전도라는 현상은 상당 부분 연구가 진행되어 자기부상열차 등의
분야에서 실용화를 앞두고 있다. 이 초전도 연구 발전에 실마리를
제공한 것이 바로 이트륨이 포함된 화합물이다. 해당 화합물은 약
-183℃의 저온에서 초전도체가 된다.

제 **5** 주기 4족

40

Zr

지르코늄

[Zirconium]

중요도 ★☆☆☆

원소 메모

| 원자량 | 91.224 | 상온에서의 상태 | 고체 | 녹는점 | 1852℃ | 끓는점 | 4361℃ |

밀도 6.506g/cm³　　발견된 해 1789년　　발견자 마르틴 하인리히 클라프로트

색 은백색　　분류 전이금속

지르코늄 반지에서
산화 피막을 입힌
부분은 선명한 빛깔을 드러낸다.

칼럼

반지의 종류

결혼식 등에서 끼는 반지는 어떤 것이 좋을까. 반지의
재료로는 금Au이나 백금Pt 등이 유명하지만 최근에는
금속 알레르기를 잘 일으키지 않는다는 이유로 지르코
늄 반지도 인기를 끌고 있다.

41
Nb

나이오븀
[Niobium]

중요도 ★☆☆☆

원소 메모

원자량 92.9064	상온에서의 상태 고체	녹는점 2468℃	끓는점 4742℃
밀도 8.57g/cm³	발견된 해 1801년		발견자 찰스 해치트
색 은회색	분류 전이금속		

높은 내열성과 내식성을 지닌 나이오븀은
합금으로 터빈 등에 사용된다.

칼럼
 나이오븀의 역사

나이오븀은 화학적 성질이 탄탈럼과 무척 비슷하다. 한
때는 탄탈럼과 같은 원소로 간주된 적이 있을 정도다.
일찍이 19세기 초에 발견되었지만 19세기 후반에 다시
발견되면서 비로소 나이오븀으로 대우를 받게 되었다.

42
Mo

몰리브데넘
[Molybdenum]

중요도 ★☆☆☆

원소 메모

원자량 95.95	상온에서의 상태 고체	녹는점 2623℃	끓는점 5557℃
밀도 10.22g/cm³	발견된 해 1778년		발견자 카를 빌헬름 셸레
색 회색	분류 전이금속		

몰리브데넘과 구리의 합금은 로켓
등의 전자기판에 쓰인다.

칼럼
비료 속의 몰리브데넘

니트로게나아제라는 효소는 몰리브데넘을 함유하고 있
다. 대기 중에 있는 질소를 암모니아로 바꿔주는 니트로
게나아제는 식물에게 대단히 중요하므로 몰리브데넘이
포함된 여러 비료가 판매되고 있다.

제 5 주기 7족

43
Tc

중요도 ★☆☆☆

테크네튬
[Technetium]

원소 메모

원자량 (99)	상온에서의 상태 고체	녹는점 2172℃	끓는점 4877℃

원자량 (99) 　상온에서의 상태 고체 　녹는점 2172℃ 　끓는점 4877℃

밀도 11.5g/cm³ 　발견된 해 1937년 　발견자 카를로 페리에르, 에밀리오 세그레

색 은백색 　분류 전이금속

뇌 / 뼈

'테크네튬99m'은 감마선을 방출하기 때문에 의료 현장에서 영상 검사에 사용된다.

칼럼
최초의 인공 원소

테크네튬은 자연계에서 매우 적게 존재하며 안정된 동위 원소가 없기 때문에 발견되기까지 무척 오랜 시간이 걸렸다. 최종적으로 사이클로트론cyclotron이라는 장치를 통해 합성되어 세계 최초의 인공원소가 되었다.

제 5 주기 8족

44
Ru

중요도 ★☆☆☆

루테늄
[Ruthenium]

원소 메모

원자량 101.07 　상온에서의 상태 고체 　녹는점 2333℃ 　끓는점 4147℃

밀도 12.41g/cm³ 　발견된 해 1844년 　발견자 칼 클라우스

색 은백색 　분류 전이금속

유기화학의 반응 촉매 등으로 사용된다.

칼럼
노벨상의 주역

루테늄 촉매를 이용한 수소 첨가, 그럽스 촉매(루테늄 착물)를 이용한 메타세시스 반응(이중결합의 재배열)은 각각 2001년, 2005년에 노벨화학상을 받았으며, 다양한 분야의 연구에서 사용되고 있다.

45
Rh

로듐
[Rhodium]

중요도 ★☆☆☆

원소 메모

| 원자량 | 102.9055 | 상온에서의 상태 | 고체 | 녹는점 | 1963℃ | 끓는점 | 3695℃ |

밀도 12.4g/cm³ **발견된 해** 1803년 **발견자** 윌리엄 울러스턴

색 은백색 **분류** 전이금속

로듐은 아름다운 은백색으로, 내식성도 뛰어나다.

액세서리나 안경을 도금하는 데 쓰인다.

칼럼

장미색 로듐

로듐 홑원소 물질은 은백색 금속이지만 로듐의 염화물RhCl₃은 수화물이 장미꽃처럼 짙은 빨간색을 띠고 있다. 따라서 그리스어로 장미색을 뜻하는 'rhodeos'에서 원소명이 유래했다.

칼럼

인공원소를 만드는 방법

원자번호 43번 테크네튬Tc, 61번 프로메튬Pm, 93번 넵투늄Np 이후의 원소가 인공원소에 해당한다. 이들은 어떻게 만들어졌을까.

어떠한 원소가 되려면 일정 수의 양성자가 모여야 한다. 예를 들어 테크네튬은 43개의 양성자가 필요하다. 따라서 테크네튬은 양성자가 42개인 몰리브데넘Mo에 1개의 양성자를 충돌시켜서 만들어졌다. 다만 충돌시킨다는 것이 쉬운 일은 아니다. 전기나 자석의 힘을 이용하는 특수한 장치인 사이클로트론 등의 가속기를 사용해 빛에 가까운 속도로 충돌시켜야 한다.

한국은 2012년 구축이 완료된 경주 양성자가속기와 2015년 완성된 포항 4세대 방사광가속기를 보유하고 있다. 또한 기초과학연구원(IBS) 중이온가속기건설구축사업단에서 중이온가속기 '라온(RAON)'을 건설 중이며, 2021년 완공 예정이다. 머지않아 한국에서도 인공원소를 만들 수 있지 않을까 전망해본다.

46
Pd

팔라듐
[Palladium]

원소 메모

원자량 106.42	**상온에서의 상태** 고체	**녹는점** 1552℃	**끓는점** 2964℃

밀도 12.02g/cm³ **발견된 해** 1803년 **발견자** 윌리엄 울러스턴

색 은백색 **분류** 전이금속

배기가스를 정화하는 촉매로
자동차에 사용된다.

팔라듐은 희귀하며 가격이 비싸다.
금이나 백금과 합금해 액세서리를
만들기도 한다.

칼럼

귀중한 팔라듐

··

팔라듐Pd은 금이나 은, 백금 따위와 마찬가지로 귀금속(희귀한 금속)이다. 금이나 은과 섞어서 반지 등의 액세서리를 만들 때 사용한다.

또한 공업적으로도 다양한 분야에서 사용된다. 수소자동차의 연료인 수소를 저장하는 수소 저장합금이나 자동차의 배기가스에 함유된 일산화탄소, 질소산화물을 제거하는 필터 등, 폭넓은 쓰임이 기대되는 소재다.

그 외에도 Pd은 유기합성 분야에서도 촉매로서 유용하게 사용된다. 2010년에 노벨화학상을 받은 네기시 반응에서는 Pd 촉매가 유기 아연 화합물과 유기 할로젠화합물 사이에서 새로운 탄소-탄소 결합을 형성하는 데 사용되었다. 이러한 Pd의 사실상 유일한 문제점은 바로 희귀하기 때문에 가격이 비싸다는 사실이다. 1g에 9만원(2020년 1월)이 넘는 Pd을 효율적으로 사용할 방법에 이목이 집중되고 있다.

촉매란?

촉매라는 단어를 알고 있는가? 일상에서는 좀처럼 듣기 힘든 단어일지도 모르겠다. 하지만 이제 는 촉매 없이 살아갈 수 없다 해도 과언이 아니다. 무슨 뜻인지 자세히 살펴보자.

우선 촉매의 작용에 대해서. 화학 반응은 무조건 일어나리라는 보장이 없다. 하지만 촉매를 사용하면 잘 발생하지 않던 반응이 간단히 발생하게 된다. 반응이 일어나려면 일정한 에너지를 가해야 한다. 이 에너지를 활성화 에너지라고 부른다. 예를 들어 활성화 에너지가 지나치게 크다 면 가열해 온도를 높여서 에너지를 획득해야 한다. 하지만 촉매는 이 에너지를 낮춰준다. 그 덕 택에 훨씬 온도가 낮은 상태에서도 반응이 일어나게 된다.

우리 주변에서 촉매의 예를 찾아보자. 이를테면 자동차 안에도 촉매는 있다. 삼원촉매라고 부르는데, 로듐Rh, 팔라듐Pd, 백금Pt으로 이루어져 있다. 자동차가 달릴 때 배출되며 환경에 나 쁜 영향을 주는 배기가스(탄화수소, 일산화탄소CO, 질소산화물NOₓ)를 그보다 깨끗한 가스(수증기H_2O, 이산화탄 소CO_2, 질소N_2)로 바꾸기 위해서다. 또한 체내에서 작용하는 아밀라아제나 카탈라아제 등의 효소 또한 촉매의 일종이다. 그 외에도 폴리에틸렌이나 폴리프로필렌 등, 우리가 자주 접하는 플라스 틱 또한 촉매 없이는 손에 넣기 어렵다. 이들은 타이타늄Ti 등으로 이루어진 치글러-나타 촉매를 이용하는데, 카를 치글러Karl Ziegler와 줄리오 나타Giulio Natta는 모두 노벨화학상을 받았다.

수많은 촉매가 개발되었지만 각 반응에 사용되는 촉매는 저마다 다르므로, 발생하기 어려운 반응을 쉽게 발생시키기 위한 새로운 촉매 연구는 지금도 진행 중이다.

47

Ag

은
[Silver]

중요도 ★★★☆

원소 메모

원자량 107.8682	**상온에서의 상태** 고체	**녹는점** 962℃	**끓는점** 2162℃
밀도 10.5g/cm³	**발견된 해** 고대	**발견자** 불명	
색 은백색	**분류** 전이금속		

운동 경기나 경연회 등에서는 두 번째 성적을 거둔 개인 혹은 단체에게 은메달을 수여한다.

은은 전기저항이 금속 중에서 가장 낮지만 가격이 비싸기 때문에, 전기전도율이 높은 도선으로는 태양전지와 같은 특수한 경우에서만 사용된다.

은은 금속 중에서 가시광선의 반사율이 가장 높아 거울에 사용된다.

브로민화은이나 아이오딘화은 등의 은 화합물은 필름의 감광제로 쓰인다.

은은 아름다우며 항균작용을 하므로 예로부터 식기에 사용되었다.

OX 퀴즈

AgCl, AgBr, AgI은 모두 물에 잘 녹지 않는다.

✓ **금속 중에서 가장 전기와 열이 잘 통한다**

✓ **할로젠과의 화합물은 빛에 반응한다**

할로젠화은의 감광성

염소Cl나 브로민Br 등의 할로젠과 은의 화합물(AgCl, AgBr 등)은 빛을 받으면 은의 미립자가 유리되어 검은색으로 변한다. 감광성이라는 이러한 성질 때문에 은은 필름 사진의 감광제로 쓰인다.

$$2AgX \rightarrow 2Ag + X_2$$

(※ X는 F, Cl, Br, I)

은 이온과 암모니아수의 반응

은 이온이 함유된 수용액에 암모니아수 등의 염기를 소량 첨가하면 산화은Ag_2O의 갈색 침전물이 발생한다.

$$2Ag^+ + 2OH^- \rightarrow Ag_2O + H_2O$$

추가로 암모니아수를 첨가하면 침전물이 녹아 무색의 용액이 된다.

$$Ag_2O + H_2O + 4NH_3 \rightarrow 2[Ag(NH_3)_2]^+ + 2OH^-$$

착이온

중심이 되는 금속이온에 비공유전자쌍을 지닌 분자나 음이온이 배위결합해 생겨난 이온을 착이온이라고 한다. 또한 배위결합한 분자 혹은 음이온을 배위자(리간드ligand), 그 수를 배위수라고 한다. 앞서 등장한 다이암민은(Ⅰ) 이온$[Ag(NH_3)_2]^+$ 외에도 다음과 같은 착이온이 있다.

테트라하이드록시알루미늄산 이온 $[Al(OH)_4]^-$

테트라하이드록시아연(Ⅱ)산 이온 $[Zn(OH)_4]^{2-}$

테트라암민구리(Ⅱ) 이온 $[Cu(NH_3)_4]^{2+}$

헥사사이아노철(Ⅲ)산 이온 $[Fe(CN)_6]^{3-}$

A ┊ **O** 할로젠화은의 중요한 성질이다.

48
Cd

카드뮴
[Cadmium]

중요도 ★★☆☆

원소 메모

| 원자량 | 112.414 | 상온에서의 상태 | 고체 | 녹는점 | 321°C | 끓는점 | 767°C |

| 밀도 | 8.65g/cm³ | 발견된 해 | 1817년 | 발견자 | 프리드리히 스트로마이어 |

| 색 | 은백색 | 분류 | 금속·아연족 |

카드뮴은 카드뮴옐로 등의
물감에 사용된다.

아연의 정련 과정에서 얻어지는 카드뮴이 포함된 미처리 폐수는
이타이이타이병과 같은 공해병의 원인이다.

카드뮴의 성질

화학적 성질은 아연과 무척 비슷하며 아연광과 함께 산출된다. 염산이나 묽은 황산과는 서서히 반응해 무색의 2가 카드뮴 이온Cd^{2+}이 된다. 반면에 무른 염기와는 반응하지 않는다.

공해 문제

카드뮴은 여러 생물종에 축적되는 성질이 있는데, 인간의 체내에 잔류하는 기간은 약 30년이라고 한다. 1900년대에 공해에 대한 경각심을 일깨운 이타이이타이병은 카드뮴이 원인으로 추정되는데, 뼈나 관절이 쇠약해지는 병이다. 이처럼 인체에 끼치는 영향 때문에 현재는 카드뮴에서 벗어나려는 움직임이 있다. 실제로 기준치를 초과한 카드뮴이 포함된 게임기가 네덜란드 정부의 권고를 받아 회수된 일이 있다.

49
In

인듐
[Indium]

중요도 ★☆☆☆

원소 메모

원자량 114.818	**상온에서의 상태** 고체	**녹는점** 157℃	**끓는점** 2072℃

밀도 7.31g/cm³ **발견된 해** 1863년 **발견자** 헤오도르 리히터, 페르디난트 라이크

색 은백색 **분류** 금속·붕소족

칼럼

수요가 많은 인듐

인듐의 화합물인 산화인듐주석은 전도성이 있으며 투명하기 때문에 액정 등의 전극에 사용된다. 인듐은 희소금속이기 때문에 재활용 기술도 개발되고 있다.

인듐은 반도체에, 산화인듐주석은
액정의 전극에 사용된다.

칼럼

4대 공해병

4대 공해병은 미나마타병, 니가타미나마타병(제2미나마타병), 이타이이타이병, 욧카이치 천식이다. 사회 수업에서 배운 내용이겠지만 여기서는 화학의 관점에서 공해병을 살펴보도록 하자.

미나마타병, 니가타미나마타병의 원인은 모두 유기수은이라는 물질로, 수은Hg의 화합물이다. 이 수은은 당시 촉매로 이용된 것인데, 폐액이 강으로 유출되면서 피해가 발생했다. 이타이이타이병은 카드뮴Cd이 원인물질이다. 광물에 포함된 불순물인 카드뮴이 정련 과정에서 폐수로 유출된 것이 원인이다. 욧카이치 천식은 석유화학단지에서 배출된 황산화물SO_x이 원인물질 중 하나다. 위의 세 가지는 수질오염이지만 욧카이치 천식은 대기오염 문제다.

네 공해병은 모두 일본의 고도 경제 성장기에 발생했으며 많은 사람이 고통을 겪었다.

50
Sn

주석
[Tin]

중요도 ★★★☆

원소 메모 🔍

원자량 118.71	**상온에서의 상태** 고체	**녹는점** 232℃	**끓는점** 2603℃
밀도 7.310g/cm³ (백색주석)	**발견된 해** 고대	**발견자** 불명	
색 은백색	**분류** 금속・탄소족		

통조림 깡통이나 양동이 등에 사용되는 양철은 철에 주석을 도금한 것이다. 녹이 잘 슬지 않는 주석이 철을 보호한다.

산 강염기

양성원소이기 때문에 산과 강염기 모두에 녹는다.

고등어 통조림

차가운 건 싫어……

주석 파사삭

주석은 저온에서 결정 구조가 변해 붕괴한다. 이 현상을 '주석 페스트'라고 부른다.

생각하는 사람

동상 등에 사용되는 청동은 구리와 주석의 합금이다.

치익~ 녹는점이 232℃로 비교적 낮아서 땜납의 재료로도 쓰인다.

세련된 주석 식기.

OX 퀴즈

주석은 강염기 수용액과 반응해 녹는다.

주석 홑원소 물질 Sn의 성질

Al, Zn, Pb와 마찬가지로 양성원소인 주석은 산, 강염기 모두와 반응해 수소를 발생시킨다.

$$Sn+2HCl \rightarrow SnCl_2+H_2$$

$$Sn+2NaOH+4H_2O \rightarrow [Sn(OH)_6]^{2-}+2Na^++2H_2$$

또한 주석에는 산화수가 +2인 것과 +4인 것이 있는데, +4가 더 안정적이다. 염화주석(Ⅱ)에는 환원작용이 있어 4가 주석 이온을 발생시킨다.

$$SnCl_2+2Cl^- \rightarrow SnCl_4+2e^-$$

칼럼

추억의 양철 장난감

여러분은 '양철'이라는 말을 들어본 적이 있는지? 예전에는 양철판을 비행기나 로봇, 자동차 모양으로 가공한 양철 장난감이 무척 많았는데, 지금도 추억의 장난감을 모으는 수집가에게는 인기가 많다.

본래 양철이란 철로 만들어진 강판에 주석을 합금한 것이다. 주석은 이온화 경향이 약하므로 도금을 하면 장난감에 녹이 잘 슬지 않기 때문에 자주 사용되었다. 하지만 양철에 흠집이 나서 내부의 철이 노출되면 철이 주석보다 이온화 경향이 강하기 때문에 내부의 철이 먼저 산화되어 단번에 녹이 슬고 만다는 결점이 있다.

같은 도금 소재로는 양철 이외에도 철에 아연(→86쪽)을 도금한 함석도 유명하다.

A | **O** 주석은 양성원소이므로 산, 염기 모두에 녹는다.

51
Sb

안티모니
[Antimony]

중요도 ★☆☆☆

원소 메모

원자량	121.76	상온에서의 상태	고체	녹는점	631℃	끓는점	1587℃
밀도	6.691g/cm³	발견된 해	고대	발견자	불명
색	은백색	분류	반금속·질소족

일본에서 가장 오래된 동전인 부본전에는 구리의 융해 온도를 낮춰서 주조를 쉽게 하기 위해, 그리고 강도를 높이기 위해 안티모니가 첨가되었다.

칼럼

 휘안석

안티모니의 황화 광물로서 Sb_2S_3이라는 조성식으로 표기하는 휘안석이라는 광물이 있다. 휘안석은 성냥·꽃불·뇌관 제조에 사용되며, 고대인들에게는 눈을 크게 보이게 하기 위한 화장품으로도 쓰였다.

52
Te

텔루륨
[Tellurium]

중요도 ★☆☆☆

원소 메모

원자량	127.6	상온에서의 상태	고체	녹는점	450℃	끓는점	991℃
밀도	6.24g/cm³	발견된 해	1782년	발견자	뮐러 폰 라이헨슈타인
색	은백색	분류	반금속·산소족

칼럼

펠티에 소자란?

펠티에 소자라는 신기한 전자부품이 있다. 전기가 흐르면 소자의 한쪽 면이 따뜻해짐과 동시에 나머지 한쪽 면이 차가워지는 부품이다. 이 펠티에 소자의 재료로 텔루륨이 쓰이는데, 컴퓨터 CPU의 냉각장치나 소형 냉장고에 사용된다.

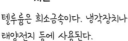

발전!

시원~

텔루륨은 희소금속이다. 냉각장치나 태양전지 등에 사용된다.

돈으로 보는 화학

부본전의 주된 재질은 구리Cu와 안티모니Sb다. 현대의 동전은 무엇으로 이루어져 있을까.

1원 동전은 알루미늄Al으로 이루어져 있다. 첨가물이 섞여 있지 않은 순수한 알루미늄이다. 참고로 무게는 0.729g, 지름은 17.20㎜로 정해져 있다.

5~500원 동전의 주성분은 모두 구리Cu지만 각각 다른 구리 합금으로 이루어져 있다. 따라서 색깔이 크게 다르다.

- 5원 동전 - 구리Cu(65%)와 아연Zn(35%)으로 이루어진 황동이라 부르는 합금.
- 10원 동전 - 구리Cu(48%)와 알루미늄Al(52%). 구리를 씌운 알루미늄. 최초 발행일은 2006년 12월 18일이다. 그 전까지는 구리Cu(65%)와 아연Zn(35%)으로 이루어진 황동이라 부르는 합금이었다.
- 50원 동전 - 구리Cu(70%)와 아연Zn(18%)와 니켈Ni(12%)로 이루어진 양백이라 부르는 합금.
- 100원 동전 - 구리Cu(75%)와 니켈Ni(25%)로 이루어진 백동이라 부르는 합금.
- 500원 동전 - 구리Cu(75%)와 니켈Ni(25%)로 이루어진 백동이라 부르는 합금.

여기까지 동전의 재질에 대해 살펴보았지만 지폐의 원료에 대해서도 짚어두기로 하자. 흔히들 지폐(紙幣)는 이름처럼 종이에 인쇄해 만든다고 생각하기 쉬운데, 사실 한국 지폐는 종이로 만들지 않고 면으로 만든다. 면으로 지폐를 만들면 구겨지거나 물기에 닿아도 수명이 종이보다 더 오래간다. 실수로 지폐를 주머니에 넣은 채 빨래를 해도 지폐가 찢어지지 않는 것도 종이가 아닌 면으로 지폐를 만들었기 때문이다.

일본은 지폐를 삼지닥나무, 아바카(마닐라삼) 등으로 만든다. 삼지닥나무는 예부터 전통 종이의 재료로 쓰였으며 아바카는 섬유가 강인하기 때문에 내구성을 높여주는 역할을 한다. 식물이 원료이기 때문에 주성분은 셀룰로오스($C_6H_{10}O_5$)ₙ다.

또한 외국에는 찢어지지 않게끔 플라스틱으로 만들어진 지폐도 있다고 한다.

53
I

아이오딘

[Iodine]

중요도 ★★★☆

원소 메모

| 원자량 | 126.9045 | 상온에서의 상태 | 고체 | 녹는점 | 114℃ | 끓는점 | 184℃ |

밀도 4.93g/cm³   발견된 해 1811년   발견자 베르나르 쿠르투아

색 흑자색*   분류 비금속·할로겐

* 검은빛을 띤 보라색-옮긴이

아이오도폼 반응에 이용된다.

흑자색 고체로, 승화하는
성질이 있다.

살균작용을 하므로 의료
현장 등에서 사용된다.

아이오딘 녹말 반응을 통해
녹말을 검출할 수 있다.

아이오딘 값으로 지방의 불포화도를 알 수 있다.

일본의 치바현에서 많이
산출된다.

OX 퀴즈

아이오딘은 상온에서 흑자색 고체다.

아이오딘 홑원소 물질 I

아이오딘의 홑원소 물질은 상온에서는 흑자색 고체로, 열을 가하면 고체에서 기체로 변하는 현상인 승화를 하는 물질로 알려져 있다.

아이오딘 녹말 반응

아이오딘의 홑원소 물질은 물에 잘 녹지 않으나 아이오딘화포타슘 수용액에는 녹아서 갈색 용액이 된다. 이 용액에 녹말을 넣으면 보라색~청자색으로 변한다. 색깔이 변하는 이 반응을 아이오딘 녹말 반응이라 부르며 아이오딘이나 녹말을 검출하는 데 이용된다.

아이오도폼 반응

특정한 구조를 지닌 화합물에 아이오딘과 수산화소듐 수용액을 첨가해 반응시키면 아이오도폼이라 불리는 노란색 화합물CHI₃이 형성된다. 이를 아이오도폼 반응이라 하는데, 알 수 없는 유기 화합물의 구조를 추정하는 데 이용된다.

아이오도폼 반응을 일으키는 구조(R은 탄화수소기 또는 수소)

아이오딘 값

지방의 성질을 알아볼 때 이용되는 지표 중 하나로 아이오딘 값이라 불리는 지표가 있다. 이는 지방 100g이 흡수하는 아이오딘의 질량 수치로, 지방의 불포화도를 알 수 있는 기준이 된다. 지방의 성질을 알아볼 때 쓰이는 또 다른 지표로는 비누화 값이 있다.

A ┊ O 상온에서는 고체지만 가열하면 승화한다.

제 **5** 주기　18족

54
Xe

제논
[Xenon]

중요도 ★☆☆☆

원소 메모

| 원자량 | 131.293 | 상온에서의 상태 | 기체 | 녹는점 | −112℃ | 끓는점 | −108℃ |

| 밀도 | 5.897g/L | 발견된 해 | 1898년 | 발견자 | 윌리엄 램지, 모리스 트래버스 |

| 색 | 무색 | 분류 | 비금속·희유기체 |

자동차의 헤드라이트 등에 사용된다.

칼럼
우리 주변의 제논

자동차 헤드라이트 중에서 푸르스름한 라이트를 본 적이 있는가? 자연광에 가까운 그 강렬한 빛은 제논이 주입된 램프에서 벌어지는 방전 작용을 통해 발생한다. 그 외에도 제논은 X선 검출기에 사용된다.

칼럼

승화

승화란 물질이 액체를 거치지 않고 고체에서 기체로 상태가 변하는 현상을 말한다. 과거에는 반대 과정(기체→고체)도 승화라고 했지만 최근에는 증착이라는 단어를 쓰기 시작했다.

아이오딘I_2은 승화하기 쉬운 물질이다. 그 외에 승화하는 물질은 어떤 것이 있을까. 가장 유명한 물질은 드라이아이스다. 드라이아이스는 이산화탄소CO_2를 차게 했을 때 생기는 고체로, 식품을 식힐 때 이용한다. 드라이아이스를 상온에 내버려두면 액체 상태의 이산화탄소가 아니라 기체로 변해 흔적도 없이 사라지고 만다. 또한 의류용 방충제는 대부분 승화하는 성질이 있는데, 작은 봉투에 든 방충제를 1년 뒤에 다시 보았을 때 내용물이 온데간데없이 사라져 있는 것은 이러한 이유에서다.

OX 퀴즈
- 제5주기 편 -

Q1 스트론튬의 불꽃 반응은 노란색이다.

A1 ✘ 노란색은 소듐의 불꽃 반응. 스트론튬은 빨간색(다홍색)이다.

Q2 은은 구리보다도 전기전도성이 높다.

A2 ⭕ 은은 모든 금속 중에서 전기전도성이 가장 높다.

Q3 은은 염산과 반응해 녹는다.

A3 ✘ 은은 수소보다 이온화 경향이 약하기 때문에 산화력이 있는 산에만 녹는다.

Q4 은을 포함한 거친구리를 전해정련하면 은은 -극 밑에 가라앉는다.

A4 ✘ 구리보다 이온화 경향이 약한 금속이 가라앉는 곳은 +극이다(양극 찌꺼기).

Q5 AgCl, AgBr, AgI은 모두 빛에 분해되어 은이 석출된다.

A5 ⭕ 할로젠화 은의 이러한 성질을 감광성이라고 부른다.

Q6 질산은 수용액에 수산화소듐 수용액을 넣으면 수산화은이 가라앉는다.

A6 ✘ 수산화은이 아닌 산화은의 갈색 침전물이 생겨난다. 반응식은 107쪽을 참조!

Q7 황화카드뮴(Ⅱ)은 여러 금속 황화물과 마찬가지로 검은색 고체다.

A7 ✘ 노란색이다. 카드뮴옐로라는 물감에 쓰인다.

Q8 주석은 상온에서 묽은 염산에 잘 녹는다.

A8 ⭕ 주석은 양성금속이기 때문에 산과 강염기 모두에 녹는다.

Q9 주석은 청동의 원료다.

A9 ○ 청동은 주성분인 구리에 주석이 포함된 합금이다.

Q10 염화주석(Ⅱ)에는 산화작용이 있다.

A10 ✕ 환원작용이 있어 4가 주석 이온을 발생시킨다.

Q11 구강 살균제로 쓰이는 아이오딘에는 그 기체를 냉각하면 액체가 아닌 고체가 되는 성질이 있다.

A11 ○ 아이오딘에는 승화와 증착하는 성질이 있다.

Q12 아이오딘은 아이오딘화포타슘 수용액에 녹는다.

A12 ○ 아이오딘의 홑원소 물질은 물에 녹지 않으나 아이오딘화포타슘 수용액에는 I_3^- 이온이 되어 용해된다.

Q13 아이오딘은 녹말을 검출하는 데 이용된다.

A13 ○ 아이오딘과 아이오딘화포타슘 수용액(적갈색)이 녹말과 반응해 보라색~청자색으로 변하는 아이오딘 녹말 반응이 녹말의 검출에 이용된다.

제 4 장

제6주기

제5주기와 마찬가지로 생소한 원소도 많으리라 생각된다. 그럼에도 은·금·백금 등의 귀금속이나, 바륨·납과 같이 우리 주변에서 사용되는 원소도 여기에 속해 있다. 두 쪽에 걸쳐서 기재된 금속원소는 중요하므로 성질을 정확히 짚어두도록 하자.

55
Cs

세슘
[Cesium]

중요도 ★★☆☆

원소 메모

| 원자량 | 132.9055 | 상온에서의 상태 | 고체 | 녹는점 | 28℃ | 끓는점 | 671℃ |

밀도 1.873g/cm³　발견된 해 1860년　발견자 로베르트 분젠, 구스타프 키르히호프

색 노란색을 띤 은색　분류 알칼리금속

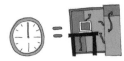

세슘을 사용한 원자시계는 무척 정밀해 원자시계의 측정 원리가 '초'의 정의로 채택되었다.

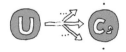

세슘은 우라늄이 핵분열을 일으켰을 때 생성되는 주된 생성물 중 하나다.

칼럼

초고정밀 시계

세슘은 원자시계를 만드는 데 이용된다. 사실 현재 '1초'의 정의에는 이 세슘 원자시계가 이용된다. 세슘 원자시계는 무려 3000만 년에 겨우 1초 차이가 날 정도로 높은 정밀도를 실현해냈으며 최근에는 한층 정밀한 시계를 제작하려는 연구도 진행되고 있다. 예를 들어 광격자시계라 불리는 시계는 세슘 원자시계를 웃도는 정밀도를 실현해냈다는 사실이 보고되었다. 2015년 2월 시점에서 두 대의 광격자시계 사이에 1초의 차이가 발생하기까지 160억 년이 걸린다고 한다. 우주의 나이가 138억 년이라고 하니 얼마나 정밀한 시계인지 여실히 드러난다.

　이토록 정밀한 시계라면 단순한 '시간의 측정' 이외에 다른 용도로도 사용할 수 있다. 저 유명한 아인슈타인이 주장했던 일반상대성이론을 통해 '중력이 강한 곳에서는 시간이 천천히 흐른다'는 사실이 밝혀졌다. 따라서 광격자시계를 이용해 미세한 시간의 차이를 측정하면 중력의 세기도 측정할 수 있다는 말이다.

금속의 성질

주기율표의 대부분은 금속원소가 차지하고 있다. 철이나 알루미늄, 구리 등 다양한 금속이 우리 주변 곳곳에서 사용되고 있다. 금속이 폭넓게 이용되는 이유는 금속이 지닌 편리한 성질 때문이다.

첫 번째로 소개할 성질은 '전연성'이라는 것이다. 고등학교 화학 수업에서는 '전성'과 '연성'이라고 따로 떼어서 배웠을 것이다. 모두 힘을 가했을 때 변형되는 성질이지만 전성은 누르는 힘이 가해지면 넓은 판처럼 얇게 펴지는 성질을, 연성은 잡아당기는 힘이 가해지면 가늘고 길게 늘어나는 성질을 말한다. 이 성질 때문에 금속은 가공하기 쉬워서 금박이나 알루미늄 호일처럼 얇은 형태나 강재 같은 막대 형태로 만들 수 있다.

다음으로 소개할 성질은 '열이나 전기의 전도성이 높다'는 것이다. 열에너지나 전기에너지 등의 에너지는 전자가 운반한다. 금속은 자유전자에 의해 금속결합을 이루고 금속결정을 형성한다. 다시 말해 금속 안에 자유로이 움직이는 전자가 있기 때문에 열에너지나 전기에너지를 빠르게 전달할 수 있다는 말이다. 탄소(→24쪽)에서도 언급했듯이 공유결합결정인 다이아몬드는 전기가 통하지 않지만 자유롭게 움직일 수 있는 전자를 지닌 흑연은 전기가 통하는 것과 마찬가지다. 이 성질은 요리를 할 때 사용하는 냄비나 프라이팬, 전기를 공급하는 전선 등에 사용된다.

마지막으로 소개할 성질은 '금속광택을 지닌다'는 것이다. 금속은 인간이 볼 수 있는 가시광선이라는 파장 영역의 빛을 잘 반사한다. 특히 은은 가시광선 영역의 반사율이 약 98%나 되기 때문에 거울에 쓰인다.

인류는 이러한 성질들을 영리하게 활용해 풍요로운 삶을 영위하고 있는 셈이다.

56

Ba

바륨
[Barium]

중요도 ★★★☆

원소 메모

원자량	137.327	상온에서의 상태	고체	녹는점	729℃	끓는점	1898℃
밀도	3.51g/cm³	발견된 해	1808년	발견자	험프리 데이비
색	은백색	분류	알칼리토금속

* 전기유도작용을 일으키는 물질-옮긴이

타이타늄산 바륨(BaTiO₃)은 강한
유전체*로, 콘덴서에 사용된다.

바륨페라이트(BaFe₁₂O₁₉)는
페라이트 자석에 사용된다.

바륨 이온의 불꽃 반응은
황록색으로, 불꽃놀이 등에
사용된다.

바륨 이온 자체에는 독성이 있으며
탄산바륨(BaCO₃)은 쥐약으로 쓰인다.

황산바륨(BaSO₄)은 X선을
통과시키지 않으며 물이나 위산에
녹지 않기 때문에 뢴트겐 촬영의
조영제로 사용할 수 있다.

OX 퀴즈 | 황산바륨은 물에 잘 녹지 않는다.

바륨의 황산염

바륨 등의 알칼리토금속은 황산과 반응하면 물에 잘 녹지 않는 황산염을 만들어낸다. 아래의 식은 수산화바륨Ba(OH)$_2$과 황산의 중화 반응에서 황산바륨이 생성되는 식이다.

$$Ba(OH)_2 + H_2SO_4 \rightarrow BaSO_4 + 2H_2O$$

특히 황산바륨BaSO$_4$은 100℃의 물에서도 용해도가 0.40㎎/100g일 정도로 잘 녹지 않는다. 따라서 위액 등에 잘 녹지 않는데다가, X선을 흡수하는 성질도 있기 때문에 뢴트겐 촬영의 조영제로 사용된다.

칼럼

X선 검사

살면서 바륨을 가장 '가까이'에서 느끼게 될 때가 건강검진할 때 X선 검사일 것이다. 여기에서는 X선 검사의 과정을 잠시 들여다보도록 하자.

우선 위를 팽창시키는 발포제라는 가루를 삼킨다. 이러면 위가 쪼그라든 상태에서는 알 수 없는 이상을 발견하기 쉬워진다. 다음으로 뢴트겐의 조영제인 황산바륨을 마신다. 양은 대략 120㎖로, 황산바륨에는 냄새도 맛도 없다. 게다가 물에 잘 녹지 않으므로 끈적거리는 상태에서 마셔야 한다. 검사 중에는 여러 차례 자세를 바꾸게 되는데, 트림이나 방귀는 자제하자. 꽤나 번거로운 X선 검사지만 건강을 위해서라면 참아야 할 때도 있는 법이다.

A　O　황산바륨은 물에 잘 녹지 않는 침전물이다.

제 **6** 주기 **4족**

72
Hf

하프늄
[Hafnium]

중요도 ★☆☆☆

원소 메모 🔍

원자량 178.49	**상온에서의 상태** 고체	**녹는점** 2230℃	**끓는점** 5197℃
밀도 13.31g/cm³	**발견된 해** 1923년	**발견자** 디르크 코스테르,	
색 은회색	**분류** 전이금속	조르주 샤를 드 헤베시	

원자로 제어봉의
재료로 사용된다.

칼럼

🧪 제4족 원소

주기율표를 세로로 살펴보자. 하프늄Hf의 위에는 타이타늄Ti과 지르코늄Zr이 있다. 이들 원소의 성질은 대체로 비슷하다는 사실이 알려져 있다. 또한 모두 반지를 만들 때 사용된다.

제 **6** 주기 **5족**

73
Ta

탄탈럼
[Tantalum]

중요도 ★☆☆☆

원소 메모 🔍

원자량 180.9479	**상온에서의 상태** 고체	**녹는점** 2985℃	**끓는점** 5510℃
밀도 16.65g/cm³	**발견된 해** 1802년	**발견자** 안데르스 에셰베리	
색 은회색	**분류** 전이금속		

탄탈럼은 거의 모든
전자제품에 들어 있는
콘덴서라는 부품에
사용된다.

칼럼

🧪 어쩌면 몸 안에 있을지도

탄탈럼은 부식에 매우 강하며 인체에 무해하다는 특징 때문에 치아의 임플란트 치료에 쓰이는 부품이나 인공뼈, 인공관절 등에 사용되고 있다. 또한 휴대전화 속 콘덴서에도 사용되는 무척 중요한 원소로 희소금속으로 지정되어 있다.

제 6 주기 6족

74

W

텅스텐

[Tungsten]

중요도 ★★☆☆

원소 메모

원자량 183.84	**상온에서의 상태** 고체	**녹는점** 3407℃	**끓는점** 5555℃
밀도 19.3g/cm³	**발견된 해** 1781년	**발견자** 카를 빌헬름 셸레	
색 은백색	**분류** 전이금속		

금속 중에서 가장 녹는점이 높아서 전구의 필라멘트로 사용된다.

무척 무겁다

힘들어~   무거워~

지잉~

합금은 경도가 매우 높기 때문에 드릴 등에 사용된다.

칼럼

되짚어보는 '빛'의 진화

세계 최초로 전기를 이용한 불빛을 발명한 이는 조지프 스완Joseph Swan이다. 그는 19세기 후반에 필라멘트(빛나는 부분)로 종이나 실을 사용한 백열전구를 만들어냈다. 이후 토머스 에디슨이 개량해 상용화에 이르렀다. 에디슨은 실험 과정에서 대나무가 가장 오래 빛을 낸다는 사실을 알아냈고, 전 세계의 대나무를 구해보고 일본의 대나무를 사용했다.

여기에 한층 더 개량이 진행되면서 탄생한 결과물이 바로 필라멘트에 텅스텐을 사용한 백열전구다. 텅스텐은 모든 금속 중에서 가장 녹는점이 높으며 내열성이 뛰어나기 때문에 지금까지도 대부분의 백열전구에 사용되고 있다.

20세기 초에 형광등이, 그리고 20세기 말에 LED 전구가 발명되자 백열전구는 서서히 자취를 감추기 시작했다. 백열전구에는 에너지 효율이 떨어지고, 빛을 냄과 동시에 대량의 열을 방출한다는 치명적인 약점이 있기 때문이다. 따라서 지금은 에너지 효율이 높은 형광등이나 LED 전구가 주류로 바뀌고 있다.

75
Re

레늄
[Rhenium]

중요도 ★☆☆☆

원소 메모

원자량 186.207	**상온에서의 상태** 고체	**녹는점** 3180℃	**끓는점** 5596℃
밀도 21.02g/cm³	**발견된 해** 1925년	**발견자** 발터 노다크, 이다 노다크,	
색 은회색	**분류** 전이금속	오토 카를 베르크	

반감기가 약 433억 년인 레늄이 함유된 양을 조사해 해당 물체의 연대를 측정할 수 있다.

칼럼

레늄과 일본

레늄은 1925년에 발견되었는데, 사실은 일본의 오가와 마사타카가 먼저 발견했다고 한다. 이때 니포늄이라는 이름을 붙였지만 계산 실수로 43번 원소(이후의 Tc)를 발견했다고 발표했기 때문에 이후 취소되고 말았다.

76
Os

오스뮴
[Osmium]

중요도 ★☆☆☆

원소 메모

원자량 190.23	**상온에서의 상태** 고체	**녹는점** 3045℃	**끓는점** 5012℃
밀도 22.57g/cm³	**발견된 해** 1803년	**발견자** 스미슨 테넌트	
색 청백색	**분류** 전이금속		

오스뮴 합금은 튼튼하기 때문에 만년필 펜촉에 사용된다.

칼럼

산화오스뮴(Ⅷ)

오스뮴은 0부터 +8까지의 산화수를 취할 수 있으며, 산화오스뮴(Ⅷ)OsO_4은 산소와 4개의 이중결합을 갖는다. 독성이 있기는 하지만 알켄의 이중결합을 열어 수산기 2개를 붙이는 산화제로서 중요한 물질이다.

77
Ir

이리듐

[Iridium]

중요도 ★☆☆☆

원소 메모

원자량 192.217	**상온에서의 상태** 고체 **녹는점** 2443℃ **끓는점** 4437℃
밀도 22.56g/cm³	**발견된 해** 1803년 **발견자** 스미슨 테넌트
색 은백색	**분류** 전이금속

미터원기에 사용되었다.

칼럼
단위 '미터'의 정의

백금에 이리듐을 섞은 합금은 길이를 측정하는 단위 '미터'의 기준인 미터원기의 재료로 사용되었다. 참고로 현재는 '미터'를 한층 더 정확하게 정의하기 위해 '빛이 진공 상태에서 299,792,458분의 1초 동안 전진한 거리'를 1m로 정의하고 있다.

칼럼
세상을 정의하는 원소

세상에는 전력의 단위인 와트, 주파수의 단위인 헤르츠 등 다양한 단위가 있지만, 기본은 미터와 킬로그램을 비롯한 7개의 기준 단위다. 위의 칼럼에서는 이리듐이 미터원기의 재료로 사용되었다는 사실을 소개했다. 또한 세슘에서는 세슘이 1초의 정의를 내리는 데 사용되었다는 사실도 소개한 바 있다. 그 외에도 1몰을 12그램의 탄소에 존재하는 탄소 원자의 수로 정의하는 등 원소는 세상을 정의하는 기본단위로도 사용되어왔다. 얼마 전까지만 해도 1킬로그램의 정의는 백금 90%, 이리듐 10%으로 만든 지름과 높이 모두 39㎜인 원기둥(국제 킬로그램원기)의 무게였다. 하지만 인공물에 의존하지 않고, 더욱 정확한 정의를 내리기 위해 2018년 11월에 킬로그램의 정의가 새롭게 바뀌었다.

78
Pt

백금
[Platinum]

중요도 ★★★☆

원소 메모

원자량 195.084	**상온에서의 상태** 고체	**녹는점** 1769℃	**끓는점** 3827℃
밀도 21.45g/cm³	**발견된 해** 1748년	**발견자** 안토니오 데 울로아	
색 은백색	**분류** 전이금속		

백금은 무척 녹이기 어렵다

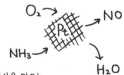

질산을 만드는
암모니아산화법에서 촉매로 이용된다.

화학적으로 안정되어 있으며
아름다운 귀금속으로,
액세서리에 사용된다.

시스플라틴이라는 항암제에도
사용된다.

자동차의 배기가스를
정화하는 데 사용된다.

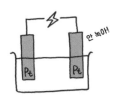

잘 산화되지 않기 때문에
전기분해의 전극으로 이용되는
경우도 많다.

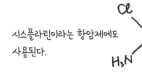

OX 퀴즈

**각각의 극에 백금을 사용해 수산화소듐 수용액을
전기분해하면 두 극에서는 무엇이 발생할까.**

이온화 경향

백금은 이온화 경향이 매우 약한 원소다. 우리에게 친숙한 '칼카나마알아철니~'에서 백금은 끝에서 두 번째로 등장하며, 왕수(진한 염산과 진한 질산을 3:1로 섞은 것)에만 녹는다.

또한 이온화 경향이 약하다(=이온이 되기 어렵다)는 성질을 살려서 전기분해의 전극에 자주 사용된다.

백금 홑원소 물질 Pt의 이용법

홑원소 물질 상태의 백금은 촉매로서 자주 사용되는데, 질산을 만드는 암모니아산화법(→31쪽)에서도 사용된다.

칼럼

아름답기만 한 건 아니야! 액세서리 이외의 용도

백금은 플래티넘이라는 이름으로도 불린다. 플래티넘이라 하면 반지나 목걸이 등 액세서리에 쓰일 것이라 생각하는 사람이 많지 않을까.

하지만 백금은 액세서리 이외에도 다양한 용도가 있다. 백금이 함유된 약품인 시스플라틴은 항암제로 널리 쓰이고 있다. 암세포 내부의 유전자 본체인 DNA와 백금 원자가 결합하면서 암세포의 분열을 막고 나아가서는 사멸시키는 것이다. 또한 복용 후 찾아오는 구토, 신장에 끼치는 악영향과 같은 부작용을 시스플라틴보다 경감시켜주는 카보플라틴이라는 항암제도 개발되었는데, 여기에도 백금 원소가 포함되어 있다. 백금이 약으로 쓰이다니, 놀랍지 않은가.

A

+극: 산소, -극: 수소
전극의 백금은 반응하지 않는다.

79
Au

금
[Gold]

중요도 ★★★☆

원소 메모

원자량 196.9666	상온에서의 상태 고체	녹는점 1064℃	끓는점 2857℃
밀도 19.32g/cm³	발견된 해 고대	발견자 불명	
색 황금색	분류 전이금속		

전기전도성이 높다.

부식에 강하다.

전성과 연성이 높다.

공업에서 도금에
사용된다.

값비싼 장식품이나
통화로 사용된다.

OX 퀴즈

금은 묽은 질산에는 녹지 않지만 진한 질산에는
녹는다.

√ 화학적으로는 무척 안정되어 있다

√ 높은 열전도성, 전기전도성, 전성, 연성 등 물리적인 특성이 많다

화학적 안정성

금속 중에서도 특히 화학적 부식에 강한 금은 화학적으로 매우 안정되어 있다. 단순히 산이나 염기에 잘 상하지 않을 뿐 아니라, 화합물을 분해하면 홑원소 물질 상태의 금이 쉽게 유리된다는 사실도 금이 안정적인 물질이라 불리는 이유다.

물리적 특성

금은 전성과 연성이 뛰어나 가장 얇게 펼 수 있는, 가공성이 높은 금속이다. 또한 열전도성과 전기전도성이 높기 때문에 장식품뿐 아니라 공업적으로나 산업적으로도 이용 가치가 높은 금속이다.

칼럼

금광은 도시에 있다!?

대도시, 특히 도심부에는 많은 금이 존재한다고 한다. 하지만 그렇다고 금이 아직 땅속에 묻혀 있다는 뜻은 아니다. 사실 금은 우리가 평소 사용하는 전자제품 안에 들어 있다. 그중에서도 현재 폐품 속에 있는 귀금속을 가리켜 도시광산이라 부르기도 한다.

금은 이전부터 IC 칩 등에 사용되어왔다. 어느 조사에 따르면 일본의 도시광산에 존재하는 금은 전 세계에 존재하는 금의 20%에 가깝다고 하니, 그야말로 티끌이 모여 태산을 이루는 격이다. 금뿐만 아니라 다양한 희소금속이 도시광산에 묻혀 있으므로 재사용 방안을 연구하고 있다.

A ✕ 진한 염산과 진한 질산을 3:1로 섞은 왕수가 금을 녹일 수 있다.

80

Hg

수은
[Mercury]

중요도 ★★★☆

원소 메모

원자량	ㅗ00.59	상온에서의 상태	액체	녹는점	−39℃	끓는점	35ㄱ℃
밀도	13.546g/cm³	발견된 해	고대	발견자	불명
색	은백색	분류	금속·아연족

수은은 온도계 속
액체로 쓰였다.

전지의 재료로도 수은이 이용되었다.

환경을 생각해 최근에는 여러 제품에서
수은의 사용이 제한되고 있다.

수은등은
수은 증기에서
벌어지는
아크 방전을
이용한다.

대기압은 수은 기둥 ㄱ60mm분의
압력에 해당한다(토리첼리의 실험).
mmHg는 압력의 단위다.

일본의 나라시에 있는 대불은
수은과 금의 합금(아말감)을 이용해 도금을 했다.

수은은 상온·상압에서 액체
상태인 유일한 금속이다.

공장 폐수에 포함되어 있던
메틸수은이 '미나마타병'을
일으켰다.

OX 퀴즈

금속원소의 홑원소 물질은 상온·상압에서 모두 고체다.

√ **수은은 상온에서 액체 상태인 유일한 금속!**

수은 홑원소 물질 Hg의 성질

은백색 금속인 수은은 상온에서 액체 상태인 유일한 금속이다. 주로 진사(주성분은 HgS)라고 불리는 광물에서 얻을 수 있다. 또한 금Au이나 은Ag, 주석Sn 등의 다양한 금속을 녹여서 아말감이라 불리는 합금을 만든다. 아말감은 촉매 등으로 이용된다. 또한 수은은 형광등의 발광원뿐 아니라 온도계나 기압계에도 이용되어왔으나 현재는 거의 쓰이지 않는다.

황화수은(II)HgS

황화수은(II)HgS은 검은색이지만 가열하면 결정 구조가 다른 빨간색 황화수은(II)으로 변한다. 이는 일본 신사의 도리이(일본의 신사 입구에 세워놓는 빨간색의 문-옮긴이) 등에 사용되는 다홍색 도료다.

칼럼

나라의 대불

일본 나라시의 도다이지(東大寺)에는 커다란 대불이 있다. 지금은 아니지만 처음 만들어졌을 때는 금색이었다. 그렇다면 금으로 만들어졌던 것일까.

유감스럽게도 그렇지 않다. 구리로 만들어진 대불에 금을 바른 것이었다. 소도금(消鍍金)이라고 불리는 기술이다. 이 기술은 수은에 금을 녹인 금 아말감을 칠한 뒤 불길에 쪼이면 수은이 증발하고 깨끗하게 금만 남는다.

그런데 여기서 문제가 발생한다. 수은 증기에는 꽤나 강력한 독성이 있다. 따라서 당시의 나라에서는 증발한 수은으로 인해 건강에 이상이 생기는 일이 많았다고 한다. 또한 이 수은에 따른 피해 때문에 도읍을 나라에서 교토로 옮긴 것이 아니냐는 설도 있지만 이 설은 부정되고 있다 한다.

A ｜ ✕ 수은은 금속 중에서 유일하게 상온에서 액체인 금속이다.

81
Tl

탈륨
[**Thallium**]

원소 메모

원자량 204.3833	**상온에서의 상태** 고체	**녹는점** 304℃	**끓는점** 1473℃
밀도 11.85g/cm³	**발견된 해** 1861년	**발견자** 윌리엄 크룩스, 클로드 오귀스트 라미	
색 은백색	**분류** 금속·붕소족		

탈륨은 독성 때문에 쥐약으로 사용된다.

칼럼
K⁺과 비슷한 탓에

탈륨 이온은 생체에 필요한 포타슘 이온과 성질이 비슷하다. 따라서 체내로 유입되면 탈륨 이온이 포타슘 이온의 작용을 방해하기 때문에 현재 탈륨은 독성 물질로 지정되어 있다.

원소의 이름을 짓는 방법

원소 중에는 '~늄'이라는 이름이 많다는 사실에서 알 수 있듯 원소의 이름은 어느 정도 규칙에 따라 지어진다. 여기에서는 영어 원소명에 관한 몇 가지 규칙을 살펴보도록 하자.

먼저 가장 알기 쉬운 규칙으로는 '원소명의 어미(語尾)는 -ium으로 한다'는 규칙이 있다. 이는 원소명의 국제적인 기준을 정하는 국제기관인 IUPAC(International Union of Pure and Applied Chemistry. 국제 순수 및 응용화학 연맹)가 새로운 원소에 대해 정해놓은 명명 규칙이기도 하다. 참고로 18세기 말 이후로 발견된 원소 중에서 -ium이라는 어미를 지닌 원소는 헬륨helium과 셀레늄selenium을 제외하면 모두 금속원소다. 헬륨과 셀레늄도 처음 발견되었을 때는 금속원소로 여겼다.

금속원소 중에서는 -ium이 아닌 -um이라는 어미를 지닌 것도 적게나마 존재한다. 예를 들자면 백금platinum이 그중 하나다. -um는 본래 라틴어로 된 금속에 자주 사용되었던 어미로, 그 외의 금속에 관한 라틴어로는 ferrum(철), aurum(금), argentum(은) 등이 있다. 이는 원소기호의 유래가 되기도 했다.

사실 금속원소의 이름에 붙는 어미로는 -um이 더 많이 쓰였던 듯하나, 19세기 초부터 -ium이라는 어미를 사용하기 시작한 모양이다. 예를 들어 알루미늄에는 본래 aluminum이라는 이름을 제안했지만, 이후 aluminium을 제안했다. 현재는 후자인 aluminium을 더욱 폭넓게 사용하고 있지만 미국에서는 aluminum을 쓰고 있다.

한편 18세기 말 이후 발견된 비금속원소는 헬륨과 셀레늄을 제외하면 모두 -on 혹은 -ine이라는 어미로 끝난다. 예를 들어 탄소carbon, 붕소boron, 규소silicon는 -on으로 끝나는 비금속원소다. 물론 붕소나 규소는 처음 발견되었을 때 금속이라 여겼기 때문에 본래는 -ium라는 어미를 사용했다. 또한 할로젠에는 -ine, 헬륨을 제외한 희유기체에 대해서는 -on이라는 어미가 부여되었다. 이와 같은 사정에 따라 2016년, IUPAC는 새로운 원소를 발견했을 때의 명명 규칙을 조금 변경해 17족과 18족의 새로운 원소에 대해서는 어미에 각각 -ine, -on을 붙이기로 했다. 2016년에 원소명이 인정된 테네신tennessine과 오가네손oganesson은 이러한 규칙에 따라서 이름이 지어졌다.

82
Pb

납
[Lead]

중요도 ★★★☆

원소 메모

원자량	207.2	상온에서의 상태	고체	녹는점	327.8℃	끓는점	1750℃
밀도	11.35g/cm³	발견된 해	고대	발견자	불명
색	청회색	분류	금속·탄소족

체내에 축적되면 악영향을 끼친다.
생활에 밀접한 관련이 있는
물질이니만큼 종종 문제를 일으킨다.

납은 녹는점이 낮으며 잘 부식되지
않기 때문에 예부터 하수관 등에
사용되어왔다.

유리에 납을 섞으면
녹는점이 낮아져서 가공하기
쉬워진다. 또한 유리의
광채를 높여주기도 한다.

뢴트겐 사진을 찍을 때 입는
방호복에는 납이 들어 있다.
납은 밀도가 높아서 X선을
막는 효과가 있다.

납과 이산화납을 극판으로
사용한 납축전지는 자동차
배터리에 사용된다.

OX 퀴즈 전지 등에 사용되는 납이 취할 수 있는
최대 산화수는 +2다.

✓ **납 이온을 포함한 수용액은 다양한 음이온과 반응해 침전물을 생성한다**

✓ **부드러워 가공하기 쉬운 금속**

✓ **양성원소**

납 홑원소 물질 Pb

청회색 금속광택을 띠며 비교적 부드럽고 녹는점이 낮은 금속이다(328℃). 그리고 밀도가 크며 (11.35g/㎤) 방사선 차폐율이 높기 때문에 방사선을 막아주는 소재로 사용되고 있다.

또한 양성원소여서 산과 강염기 모두에 쉽게 반응한다. 하지만 염산과 묽은 황산과의 반응에서는 각각 표면에 난용성(물에 잘 녹지 않는 성질)인 염화납$PbCl_2$, 황산납$PbSO_4$ 피막을 형성하기 때문에 거의 녹지 않는다.

납 이온Pb^{2+}의 침전물

납의 화합물은 기본적으로 흰색 침전물이다(예를 들자면 $Pb(OH)_2$, $PbCl_2$, $PbSO_4$ 등). 하지만 황화물 이온 S^{2-}과의 침전물PbS은 검은색, 크롬산 이온CrO_4^{2-}과의 침전물$PbCrO_4$은 노란색이다.

납축전지

-극에 납, +극에 이산화납, 전해액으로 묽은 황산을 사용한 전지다. 방전 시에는 각각의 전극에서 아래의 반응이 일어난다.

$$(-극) Pb+SO_4^{2-} \rightarrow PbSO_4+2e^-$$
$$(+극) PbO_2+4H^++SO_4^{2-}+2e^- \rightarrow PbSO_4+2H_2O$$

납축전지는 충전이 가능한 이차전지이기 때문에 충전할 때는 위에 표시된 방전 시의 반응과 반대 반응이 일어난다.

A ✗ PbO_2의 Pb는 산화수가 +4다.

83
Bi

비스무트
[Bismuth]

중요도 ★★☆☆

원소 메모

| 원자량 | 208.9804 | 상온에서의 상태 | 고체 | 녹는점 | 271.4℃ | 끓는점 | 1560℃ |

| 밀도 | 9.747g/cm³ | 발견된 해 | 1753년 | 발견자 | 클로드 프랑수아 조프루아 |

| 색 | 은백색 | 분류 | 반금속·질소족 |

결정의 구조색*은 아름다운
무지갯빛이다.

녹는점이 낮으므로 냄비로 끓여서
녹이는 저융점 땜납 등에 이용된다.

* 물체의 고유한 색이 아닌 빛의 간섭 등에 따라 나타나는 색-옮긴이

칼럼

환상적인 결정

비스무트는 중금속이지만 독성이 적기 때문에 비스무트 화합물은 의료에 응용될 뿐만 아니라 공업적으로는 초전도에 사용되고 있다. 하지만 화합물뿐 아니라 비스무트의 홑원소 물질 역시 무척 흥미로운 모습을 하고 있다.

비스무트의 녹는점은 금속치고는 낮은 편인 271.4℃로, 집에 있는 가스레인지로 녹일 수 있을 정도다. 그렇게 녹인 비스무트를 꺼내보면 일러스트처럼 대단히 신기한 형태의 결정이 생긴다. 일설에 따르면 비스무트는 과냉각 현상이 벌어지기 쉽기 때문에 수많은 핵에서 결정이 형성되면서 이와 같은 형태를 이룬다고 한다. 또한 비스무트 결정의 표면에는 산화 피막이 형성되기 쉬우므로 무척 아름다운 색을 띤다는 점 역시 특징이다.

제 **6** 주기 **16족**

84
Po

폴로늄
[Polonium]

중요도 ★☆☆☆

원소 메모

| 원자량 (210) | 상온에서의 상태 고체 | 녹는점 254℃ | 끓는점 962℃ |

밀도 9.32g/cm³　발견된 해 1898년　발견자 피에르 퀴리, 마리 퀴리

색 은백색　분류 반금속·산소족

폴로늄은 방사능이 무척 세다. 따라서 체내로 유입되면 치사율이 높은 독이 되기도 한다.

칼럼

맹독이므로 주의할 것

방사능이 무척 강한 폴로늄은 원소 중에서도 1, 2 위를 다툴 정도로 독성이 강하다. 그렇다 보니 폴로늄이 쓰이지 않았나 의심스러운 암살 사건이 있을 정도다.

제 **6** 주기 **17족**

85
At

아스타틴
[Astatine]

중요도 ★☆☆☆

원소 메모

| 원자량 (210) | 상온에서의 상태 고체 | 녹는점 302℃ | 끓는점 337℃ |

밀도 －　발견된 해 1940년　발견자 에밀리오 세그레, D.R. 코슨, K.R. 매켄지

색 은백색　분류 반금속·할로젠

아직 밝혀지지 않은 성질이 많은 원소지만 암 치료에 효과가 있을 것으로 기대를 모으고 있다.

칼럼

암 치료

한국인의 사망 원인 중 1위는 오랫동안 '암'이다. 이러한 암이 훗날에는 약으로 치료될지도 모른다. 이를 위해 연구 중인 물질이 바로 아스타틴이다. 방사성 물질인 아스타틴을 이용해 체내의 암세포에만 방사선을 쪼여 암을 사멸시키려는 연구가 진행되고 있다.

제 6 주기 | 18족

86
Rn

라돈
[Radon]

중요도 ★☆☆☆

원소 메모

원자량 (222)	**상온에서의 상태** 기체	**녹는점** −71℃	**끓는점** −61.8℃
밀도 9.73g/L	**발견된 해** 1900년	**발견자** 프리드리히 에른스트 도른	
색 무색	**분류** 비금속·희유기체		

과거에는 라돈이 다량으로 들어 있는 온천이 몸에 좋다고 여겼지만, 라돈은 방사능이 강한 물질이다.

칼럼

이름의 유래

라돈이라는 이름은 본래 라듐에서 유래했다. 처음에는 라듐에서 발생한 기체 안에 라돈이 포함되어 있었기 때문에 '라듐 에마나티온'이라고 불렀고, 어두운 곳에서 빛을 발한다는 이유로 빛을 의미하는 라틴어 nitens에서 따와 '니톤'이라 부르기도 했다.

OX 퀴즈
- 제6주기 편 -

Q1 바륨은 불꽃 반응을 보이지 않는다.

A1 ✗ 바륨의 불꽃 반응은 초록색이다.

Q2 바륨 이온을 함유한 수용액에 황산을 넣으면 흰색 침전물이 생긴다.

A2 ○ 황산바륨은 물에 녹지 않는 흰색 고체다.

Q3 텅스텐은 필라멘트에 사용된다.

A3 ○ 녹는점이 높은 금속이기 때문에 온도가 높아지는 필라멘트의 재료로 적합하다.

Q4 백금은 공기 중에서 화학적으로 잘 변하지 않으므로 귀금속에 사용된다.

A4 ○ 백금은 이온화 경향이 약하기 때문에 반응성이 낮아서 왕수에만 녹는다.

Q5 백금은 질산의 공업적 제조법인 암모니아산화법에서 재료로 쓰인다.

A5 ✗ 백금은 암모니아산화법에서 암모니아와 산소를 반응시켜 일산화질소를 만들어내는 반응의 촉매로 쓰인다.

Q6 금을 녹이는 산은 존재하지 않는다.

A6 ✗ 왕수(진한 염산과 진한 질산을 3:1로 섞은 것)는 금을 녹일 수 있다.

Q7 금속원소는 모두 상온·상압에서 고체다.

A7 ✗ 수은은 상온·상압에서 액체다.

Q8 수은은 여러 금속을 녹여서 합금(아말감)을 만들 수 있다.

A8 ○ 그중에서도 수은과 금의 아말감은 나라의 대불에 도금을 할 때 쓰였다.

Q9 1기압에서 생겨나는 수은 기둥의 높이는 760㎜다.

A9 ○ 1기압=760mmHg라는 단위는 지금도 압력의 단위로 사용한다.

Q10 납은 산에는 반응하지만 염기에는 반응하지 않는다.

A10 ✕ 양성원소이기 때문에 산과 강염기 모두에 녹는다.

Q11 납은 이온화 경향이 수소보다 강하기 때문에 산화력이 없는 염산이나 묽은 황산에 녹는다.

A11 ✕ 물에 잘 녹지 않는 염화납·황산납 피막을 형성하기 때문에 녹지 않는다.

Q12 황산납(Ⅱ)은 납축전지가 방전될 때 두 극의 표면에서 생성된다.

A12 ○ 납 전극인 -극·이산화납 전극인 +극 모두에서 생성된다.

Q13 황산납·크롬산납·황화납 모두 흰색 침전물이다.

A13 ✕ 황산납은 흰색 침전물이지만 크롬산납은 노란색 침전물, 황화납은 검은색 침전물이다.

제 5 장

란타넘족

란타넘족을 교과서에서 접할 일은 많지 않을 것이다. 하지만 공업적으로 유용한 원소가 많아 다양한 분야에서 사용하고 있다. '이 란타넘족 원소는 어디에 쓰일까?'라는 관점으로 읽어보기를 바란다.

57
La

란타넘
[Lanthanum]

중요도 ★☆☆☆

원소 메모

| 원자량 | 138.9055 | 상온에서의 상태 | 고체 | 녹는점 | 920℃ | 끓는점 | 3461℃ |

밀도 6.145g/cm³ 　발견된 해 1839년 　발견자 카를 구스타프 모잔더

색 은백색 　분류 전이금속·란타넘족

수소저장합금의 원료로
연구되고 있다.

칼럼

란타넘족

원자번호 57번 란타넘La부터 71번 루테튬Lu까지의 원소를 한데
모아 '란타넘족'이라고 부른다. 이 15개 원소는 성질이 매우 흡사하
기 때문이다. 본래는 제6주기 3족에 해당한다. 란타넘족을 란타노
이드라고 부르기도 하는데, '란타넘과 유사한 것'이라는 의미다.

58
Ce

세륨
[Cerium]

중요도 ★☆☆☆

원소 메모

| 원자량 | 140.116 | 상온에서의 상태 | 고체 | 녹는점 | 799℃ | 끓는점 | 3426℃ |

밀도 6.700~
8.240g/cm³ 　발견된 해 1803년 　발견자 옌스 야코브 베르셀리우스, 빌헬름
히징거, 마르틴 하인리히 클라프로트

색 은백색 　분류 전이금속·란타넘족

연마제 등으로 사용된다.

칼럼

발견자는 누구?

세륨은 1803년에 바스트나스 광산에서 스웨
덴과 독일의 과학자들이 발견했다. 최초 발견
자를 둘러싸고 국가 간 논쟁이 일어난 첫 번
째 원소다.

중요도 ★☆☆☆

59

Pr

프라세오디뮴

[Praseodymium]

원소 메모

원자량 140.90777	**상온에서의 상태** 고체	**녹는점** 931℃	**끓는점** 3512℃
밀도 6.773g/cm³	**발견된 해** 1885년	**발견자** 카를 아우어 폰 벨스바흐	
색 은백색	**분류** 전이금속·란타넘족		

용접용 보안경의 유리 부분에
프라세오디뮴이 사용된다.

칼럼

네오디뮴과 쌍둥이?

본래 프라세오디뮴은 네오디뮴과 분리
되어 있지 않아 둘을 합쳐서 하나의 원
소로 여겼다. 19세기 말에 분리·발견되
었다. 마치 쌍둥이 같은 원소. 프라세
오디뮴은 용접용 보안경의 유리 부분에
사용된다.

칼럼

희토류 원소란?

희토류 원소란 스칸듐Sc과 이트륨Y에 란타넘족을 합친 17개 원소를 부르는 총칭이다. 이 17개
원소는 모두 주기율표에서 제3족에 속해 있다. 같은 족에 속한 원소는 성질이 비슷하므로 17개
희토류 원소 역시 화학적 성질이 무척 비슷하다. 특히 란타넘족의 15개 원소는 원소번호가 커질
때마다 전자가 '4f궤도'라는 궤도에 채워지기 때문에 특수한 광학적 특성이나 자기적 특성을 발
견할 수 있다. 이러한 특성은 공업적으로 유용하기 때문에 희토류 원소는 다양한 산업에서 사용
되고 있다. 하지만 대부분의 희토류 원소를 수입에 의존하고 있으므로 안정적인 수급이 어려워
질 때가 있다. 그렇기 때문에 희토류 원소를 사용하지 않아도 되는 기술의 개발이 시급하다.

60
Nd

네오디뮴
[Neodymium]

중요도 ★★☆☆

원소 메모

| 원자량 | 144.24 | 상온에서의 상태 | 고체 | 녹는점 | 1021℃ | 끓는점 | 3068℃ |

| 밀도 | 7.007g/cm³ | 발견된 해 | 1885년 | 발견자 | 카를 아우어 폰 벨스바흐 |

| 색 | 은백색 | 분류 | 전이금속·란타넘족 |

네오디뮴은 강력한 자석인
네오디뮴 자석에 쓰인다.

Nd

네오디뮴 자석은 스피커
등에도 이용된다.

칼럼

세상에서 가장 강력한 자석

네오디뮴, 철, 붕소를 섞은 합금은 영구자석 중에서도 가장 강력한 '네오디뮴 자석'에 사용되고 있다. 이 네오디뮴 자석은 하이브리드 자동차의 모터나 휴대전화 속 진동 장치의 부품 등, 다양한 곳에 쓰인다.

하지만 너무나도 강력한 자력 때문에 다룰 때는 주의가 필요하다. 2개의 네오디뮴 자석이 서로 떨어져 있다 하더라도 거리에 따라 자석이 서로를 끌어당기며 힘껏 충돌하는 경우가 있다. 그 사이에 손가락 등이 끼면 피멍이 생길 정도로 부상을 입고, 실수로 삼키는 바람에 위에 구멍이 뚫리는 사고가 벌어진 적도 있다. 또한 전자기기에 가까이 가져가면 네오디뮴 자석의 강력한 자기장 때문에 고장이 나기도 한다.

61
Pm

프로메튬
[Promethium]

중요도 ★☆☆☆

원소 메모

| 원자량 | (145) | 상온에서의 상태 | 고체 | 녹는점 | 1168℃ | 끓는점 | 2727℃ |

| 밀도 | 7.22g/cm³ | 발견된 해 | 1947년 | 발견자 | 제이콥 마린스키, 로렌스 글렌데닌, 찰스 커리엘 |

| 색 | 은백색 | 분류 | 전이금속·란타넘족 |

과거 프로메튬은 시곗바늘 등에 칠하는 야광도료로 쓰였다. 현재는 안전성 문제 때문에 사용하지 않는다.

칼럼
지구상에 780g뿐

프로메튬은 천연 우라늄 광물 내부에서 우라늄이 일으키는 핵분열을 통해 생성되기 때문에 지구상에 780g밖에 존재하지 않는다고 한다. 참고로 산소는 약 $2.7×10^{27}$g, 철은 약 $3.8×10^{26}$g, 금은 약 $1.9×10^{21}$g이 지각 내부에 존재한다.

62
Sm

사마륨
[Samarium]

중요도 ★☆☆☆

원소 메모

| 원자량 | 150.36 | 상온에서의 상태 | 고체 | 녹는점 | 1072℃ | 끓는점 | 1791℃ |

| 밀도 | 7.52g/cm³ | 발견된 해 | 1879년 | 발견자 | 폴 부아보드랑 |

| 색 | 은백색 | 분류 | 전이금속·란타넘족 |

사마륨-코발트 자석은 강력하며 열과 녹에 강하다.

칼럼
과거의 영광

과거 최강의 자석이었던 사마륨-코발트 자석은 이어폰이나 시계 등의 소형기기에 사용되었다. 하지만 더욱 강력한 자력을 지닌 네오디뮴 자석이 개발된 뒤로는 최강의 칭호를 내주었다.

63
Eu

중요도 ★☆☆☆

유로퓸
[Europium]

원소 메모

원자량 151.964	상온에서의 상태 고체	녹는점 822℃	끓는점 1597℃
밀도 5.243g/cm³	발견된 해 1896년	발견자 외젠 드마르세이	
색 은백색	분류 전이금속·란타넘족		

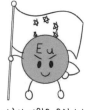

이름의 어원은 유럽이다.

칼럼
우편과 유로퓸

유로퓸을 포함한 화합물은 평소에는 무색이지만 자외선을 쬐면 빨갛게 빛나는 성질(형광)이 있다. 이를 이용해서 만든 눈에 보이지 않는 잉크는 우체국에서 우편물을 분류할 때 인쇄되는 바코드에 쓰이기도 한다.

64
Gd

중요도 ★☆☆☆

가돌리늄
[Gadolinium]

원소 메모

원자량 157.25	상온에서의 상태 고체	녹는점 1313℃	끓는점 3266℃
밀도 7.9g/cm³	발견된 해 1880년	발견자 장 샤를 갈리사르 드 마리냐크	
색 은백색	분류 전이금속·란타넘족		

가돌리늄은 MRI 검사에서 조영제로 쓰인다.

칼럼
MRI 검사에서 활약하는 가돌리늄

가돌리늄은 종합검진 하면 떠오르는 MRI 검사에서 조영제로 쓰이고 있다. 하지만 체내에 축적된 가돌리늄이 어떤 영향을 미치는지 아직 알 수 없으므로 식품의약품안전처에서는 검사 때 필요 최소한의 조영제만을 사용하도록 권고하고 있다.

65
Tb

터븀
[Terbium]

중요도 ★☆☆☆

원소 메모

| 원자량 158.9254 | 상온에서의 상태 고체 | 녹는점 1356℃ | 끓는점 3123℃ |

밀도 8.229g/cm³ 발견된 해 1843년 발견자 카를 구스타프 모잔더

색 은백색 분류 전이금속·란타넘족

터븀이 발견된 이테르비에서는
그 외에도 많은 원소가 발견되었다.

칼럼

이테르비 마을

이테르비는 스웨덴의 작은 마을이다. 이 마을에서는 다양한 원소가 발견되어, 그중 4개에는 '이테르비'가 어원인 이름이 붙여졌다. 바로 이트륨Y, 터븀, 어븀Er, 이터븀Yb이다. 정말이지 굉장한 마을이다.

66
Dy

디스프로슘
[Dysprosium]

중요도 ★☆☆☆

원소 메모

| 원자량 162.5 | 상온에서의 상태 고체 | 녹는점 1412℃ | 끓는점 2562℃ |

밀도 8.55g/cm³ 발견된 해 1886년 발견자 폴 부아보드랑

색 은백색 분류 전이금속·란타넘족

네오디뮴 자석을 열에 강하게
만들어주는 작용도 한다.

칼럼

비상등의 빛을 밝혀준다

디스프로슘은 빛 에너지를 저장해 발광하는 성질이 있기 때문에 비상등의 축광도료로 사용된다. 과거의 축광도료는 방사성 물질이 들어 있거나 오랫동안 빛을 낼 수 없었기 때문에, 디스프로슘으로 만든 축광도료는 대단히 획기적이었다.

67
Ho

홀뮴
[Holmium]

중요도 ★☆☆☆

원소 메모

원자량	164.9303	상온에서의 상태	고체	녹는점	1474℃	끓는점	2395℃
밀도	8.795g/cm³	발견된 해	1879년	발견자	마르코 드라폰테인, 자코 루이 소레, 페르 클레베
색	은백색	분류	전이금속·란타넘족

의료용 레이저 등에 사용된다.

칼럼

발견의 역사

홀륨은 스웨덴의 클레베와 스위스의 드라폰테인, 소레 두 사람이 각각 발견했다. 발견 자체는 드라폰테인과 소레가 조금 빨랐던 모양이나 현재의 원소명에는 클레베가 붙인 이름인 홀미아 (스톡홀름에서 따옴)가 남아 있다.

68
Er

어븀
[Erbium]

중요도 ★☆☆☆

원소 메모

원자량	167.259	상온에서의 상태	고체	녹는점	1529℃	끓는점	2863℃
밀도	9.066g/cm³	발견된 해	1843년	발견자	카를 구스타프 모잔더
색	은백색	분류	전이금속·란타넘족

어븀은 광섬유 내부에서 활약하고 있다.

칼럼

광통신에 빠져서는 안 될 원소

광신호는 광섬유 내부에서 장거리를 이동하며 서서히 약해지기 때문에 도중에 증폭을 해줘야 한다. 여기서 신호를 증폭시키는 데 바로 어븀이 사용된다. 어븀을 섞은 광섬유 덕분에 장거리 고속 통신이 실현된 셈이다.

란타넘족

69
Tm

툴륨
[Thulium]

중요도 ★☆☆☆

원소 메모

| 원자량 168.9342 | 상온에서의 상태 고체 | 녹는점 1545℃ | 끓는점 1947℃ |

| 밀도 9.321g/cm³ | 발견된 해 1879년 | 발견자 페르 클레베 |

| 색 은백색 | 분류 전이금속·란타넘족 |

툴륨은 어븀과 함께 광섬유의 광 증폭기에 사용된다.

칼럼
툴륨의 동위원소

툴륨에는 30종류가 넘는 동위원소가 있다. 천연 상태에서 존재하는 것은 ^{169}Tm뿐으로, 개중에는 반감기가 약 1000000000분의 1초인 방사성 동위원소도 있다.

란타넘족

70
Yb

이터븀
[Ytterbium]

중요도 ★☆☆☆

원소 메모

| 원자량 173.054 | 상온에서의 상태 고체 | 녹는점 824℃ | 끓는점 1193℃ |

| 밀도 6.965g/cm³ | 발견된 해 1878년 | 발견자 장 샤를 갈리사르 드 마리냐크 |

| 색 은백색 | 분류 전이금속·란타넘족 |

칼럼
이터븀의 용도

현재 이터븀은 상업적으로는 거의 쓰이지 않는 듯하다. 하지만 금속 이터븀의 전기전도도가 압력이 올라감에 따라 독특한 변화를 보인다는 사실이 알려져 있어, 이를 이용해 폭발에 따른 충격파를 감지하는 데 사용된다고 한다.

이터 빔!

레이저에 사용되기도 한다.

71
Lu

루테튬
[Lutetium]

중요도 ★☆☆☆

원소 메모

| 원자량 | 174.967 | 상온에서의 상태 | 고체 | 녹는점 | 1663℃ | 끓는점 | 3395℃ |

밀도 9.84g/cm³ **발견된 해** 1907년 **발견자** 카를 아우어 폰 벨스바흐, 조르주 위르뱅

색 은백색 **분류** 전이금속·란타넘족

이트륨과 화학적 성질이 무척 비슷하다.

칼럼
저도 활약하게 해주세요!

세라믹스나 방사선 치료 등에 루테튬을 이용할 방안이 없을지 현재까지 연구가 진행되어왔으나 실용화에 이르지는 못했다. 하지만 반감기가 378억 년인 ^{176}Lu은 지구과학 분야에서 연대측정에 사용되기 시작했다.

칼럼
희소금속이란?

희소금속은 ① 지각 내에 존재량 자체가 적거나 경제성 있는 추출이 어려운 금속자원 중 현재 산업적 수요가 있고 향후 수요 신장이 예상되는 금속원소, ② 극소수의 국가에 매장과 생산이 편재되어 있거나 특정국에서 전량을 수입해 공급에 위험성이 있는 금속원소로 정의한다.

한국은 현재 수요가 있는 것과 향후 기술혁신에 수반에 새로운 공업용 수요가 예측되는 것으로 35종, 56개의 금속원소를 희소금속으로 지정했다.

한국에는 희소금속 광맥이 거의 없으므로 현재까지 희소금속을 손에 넣으려면 수입에 의존해야만 한다. 수입에만 의존하는 대신 폐기된 가전제품이나 휴대전화에 들어 있는 금속, 이른바 '도시광산'에서 희소금속을 추출해 재활용하려는 시도가 적극적으로 이루어져야겠다.

Ac

제 **6** 장

악티늄족

란타넘족과 마찬가지로 악티늄족 역시 주기율표 밑으로 밀려나고 말았는데, 자연계에 대부분의 원소가 존재하는 란타넘족과는 달리 우라늄 이후의 악티늄족은 모두 인공적으로 합성된 원소다. 또한 모두 방사성 원소기도 하다. 다소 인지도가 떨어지는 원소지만 칼럼처럼 읽어보기를 바란다.

89
Ac

악티늄
[Actinium]

중요도 ★☆☆☆

원소 메모

| 원자량 | (227) | 상온에서의 상태 | 고체 | 녹는점 | 1047℃ | 끓는점 | 3197℃ |

| 밀도 | 10.06g/cm³ | 발견된 해 | 1899년 | 발견자 | 앙드레 루이 데비에른 |

| 색 | 은백색 | 분류 | 전이금속·악티늄족 |

매우 강력한 방사능을 지녔으며
푸르스름한 빛을 낸다.

칼럼
그 이름에서 알 수 있듯이

그리스어로 방사선을 뜻하는 'aktis'에서 유래한 이름이다.
이름에서 알 수 있듯 악티늄은 방사성 원소로, 매우 강력한
알파선을 방출하며 암 치료에 응용하기 위한 연구가 진행
중이다.

악티늄족

90
Th

토륨
[Thorium]

중요도 ★☆☆☆

원소 메모

| 원자량 | 232.0377 | 상온에서의 상태 | 고체 | 녹는점 | 1750℃ | 끓는점 | 4787℃ |

| 밀도 | 11.72g/cm³ | 발견된 해 | 1828년 | 발견자 | 옌스 야코브 베르셀리우스 |

| 색 | 은백색 | 분류 | 전이금속·악리늄족 |

광섬유 등에 이용된다.

칼럼
우주에서 날아온 소식

토륨은 자연에 존재하는 원소 중에서도 매우 무거운 원소 중 하나
다. 이 같은 원소는 우주에서 벌어지는 초신성 폭발이라는 현상을
통해 합성된다. 스바루 망원경은 우리 은하 밖에서 토륨의 빛을
검출해 우주의 수수께끼를 해명하려 하고 있다.

중요도 ★☆☆

91

Pa

프로트악티늄

[Protactinium]

원소 메모

원자량 231.0359	**상온에서의 상태** 고체	**녹는점** 1840℃	**끓는점** 4030℃
밀도 15.37g/cm³	**발견된 해** 1918년	**발견자** 리제 마이트너, 오토 한	
색 은백색	**분류** 전이금속·악티늄족		

프로트악티늄231은 해저 지층의
연대를 측정하는 데 이용된다.

칼럼

해저의 연대측정

프로트악티늄에는 29개의 동위원소가
있다. 그중 우라늄235의 알파 붕괴에서
생성되는 프로트악티늄231은 해저 지층
의 연대를 측정하는 데 이용된다.

칼럼

초 우라늄 원소

92번 원소인 우라늄보다 원자번호가 큰 원소는 모두 '초 우라늄 원소'라고 불린다. 초 우라늄 원
소는 지구상에 거의 존재하지 않으며, 존재한다 하더라도 우라늄광이나 다 쓴 핵연료봉 안에 극
히 일부만이 함유되어 있는 수준이다.

초 우라늄 원소처럼 원자번호가 큰 원소는 원자핵에 수많은 양성자가 포함되어 있다. 양성
자는 양전하를 띤 입자이므로 기본적으로는 서로에 반발하는 법이다. 서로에 반발하는 양성자
를 '핵력'이라는 힘으로 간신히 한데 묶어두는 것이 바로 원자핵이다. 따라서 수많은 양성자가
필요한, 다시 말해 원자번호가 큰 초 우라늄 원소의 원자핵을 만들기란 대단히 어려우며, 만들었
다 하더라도 대부분 금세 방사선을 내뿜으며 붕괴하고 만다.

악티늄족

92

U

우라늄

[Uranium]

중요도 ★★☆☆

원소 메모

원자량 238.0289	**상온에서의 상태** 고체	**녹는점** 1132℃ **끓는점** 4172℃
밀도 18.95g/cm³	**발견된 해** 1789년	**발견자** 마르틴 하인리히 클라프로트
색 은백색	**분류** 전이금속·악티늄족	

우라늄을 이용한 우라늄 유리는 자외선을
비추면 아름다운 초록색으로 빛나기 때문에
고가에 거래된다.

우라늄은 원자력발전에서
핵연료로 쓰인다.

칼럼

원자력발전의 원리

우라늄은 방사성 원소 중에서도 비교적 안정적이며 지구상에 많은 양이 존재한다. 그렇기 때문에 현재 우라늄은 대부분 원자력발전에 쓰이고 있다. 여기에서는 원자력발전의 원리에 대해 살펴보도록 하자.

우선 우라늄에 중성자를 충돌시켜 핵분열을 일으켜서 이트륨(→100쪽)과 아이오딘(→114쪽)으로 나눈다. 그리고 이때 발생하는 에너지를 통해 증발된 물에서 생겨난 수증기가 터빈을 돌린다. 터빈이 회전하면 전자기 유도 현상에 따라 전기가 생성된다.

원자력발전에서는 핵분열을 통해 에너지와 함께 방사성 물질까지 생겨나고 만다. 이 물질을 제대로 관리하지 않으면 방사선이 퍼져서 건강에 큰 피해를 입히게 된다. 현재는 태양열이나 지열 등의 '재생 가능 에너지'를 활용한 발전 방법이 주목을 받고 있는데, 원자력발전과 같은 종전의 발전을 대신할 새로운 친환경 발전 방식을 찾아내야 할 필요가 있다.

93

Np

넵투늄
[Neptunium]

중요도 ★☆☆☆

원소 메모

| 원자량 | (237) | 상온에서의 상태 | 고체 | 녹는점 | 640℃ | 끓는점 | 3902℃ |

밀도 20.25g/cm³ 발견된 해 1940년 발견자 에드윈 맥밀런, 필립 에이벌슨

색 은백색 분류 전이금속·악티늄족

넵투늄이라는 이름은 넵튠(해왕성)에서 유래했다. 행성에서 이름을 따온 원소는 그 외에도 많다.

칼럼
 이름의 유래

넵투늄은 원자번호 93번인 우라늄의 다음 원소라는 이유로 천왕성Uranus의 다음 혹성인 해왕성Neptune에서 이름을 따왔다. 참고로 넵투늄의 다음 원소인 플루토늄은 명왕성Pluto에서 유래했다.

94

Pu

플루토늄
[Plutonium]

중요도 ★☆☆☆

원소 메모

| 원자량 | (239) | 상온에서의 상태 | 고체 | 녹는점 | 639.5℃ | 끓는점 | 3231℃ |

밀도 19.84g/cm³ 발견된 해 1940년 발견자 글렌 시보그, 에드윈 맥밀런, 조지프 케네디, 아서 발

색 은백색 분류 전이금속·악티늄족

칼럼
 핵연료로 이용되는 플루토늄

플루토늄은 주로 원자력발전용 연료 중 하나로 사용된다.

플루토늄은 대단히 유명한 핵연료다. 핵연료라 하면 원자력발전이 먼저 떠오를지도 모르나 사실 원자력전지에도 쓰인다. 원자력전지는 작고 가벼우며 수명이 길다는 이유로 인공위성용 전지로 쓰이기도 한다.

95
Am

아메리슘
[Americium]

중요도 ★☆☆☆

원소 메모

원자량 (243)	상온에서의 상태 고체	녹는점 1172℃	끓는점 2607℃
밀도 13.67g/cm³	발견된 해 1944년	발견자 글렌 시보그, 레온 모건, 랠프 제임스,
색 은백색	분류 전이금속·악티늄족	앨버트 기오르소

감마!
γ

Am

저에너지 감마선을 방출하기
때문에 분석 장치 등에
쓰이기도 한다.

칼럼
이름의 유래?

주기율표에서 아메리슘의 위치는 유로퓸의 바로 아래 칸이
다. 유로퓸은 유럽대륙에서 비롯된 이름이기 때문에 바로
밑의 원소 역시 마찬가지로 미국대륙에서 유래해 아메리슘
이라는 이름이 붙었다고 한다.

96
Cm

퀴륨
[Curium]

중요도 ★☆☆☆

원소 메모

원자량 (247)	상온에서의 상태 고체	녹는점 1337℃	끓는점 3110℃
밀도 13.3g/cm³	발견된 해 1944년	발견자 글렌 시보그, 레온 모건, 랠프 제임스,
색 은백색	분류 전이금속·악티늄족	앨버트 기오르소

이 이름은 노벨물리학상, 화학상의 수상자로
알려진 퀴리 부부에서 유래했다.

칼럼
퀴리 부부

방사선 연구의 일인자인 퀴리 부부는 폴로늄Po이나 라
듐Ra을 발견한 연구자다. 퀴륨이라는 원소명은 퀴리
부부에서 유래했다. 다만 발견자는 시보그를 비롯한 연
구진으로, 퀴리 부부가 발견한 원소는 아니다.

97
Bk

버클륨
[Berkelium]

중요도 ★☆☆☆

원소 메모

원자량 (247)	**상온에서의 상태** 고체	**녹는점** 1047℃	**끓는점** —
밀도 14.79g/cm³	**발견된 해** 1949년	**발견자** 글렌 시보그, 앨버트 기오르소, 스탠리 톰프슨
색 은백색	**분류** 전이금속·악티늄족	

캘리포니아대학교
버클리캠퍼스는 미국을
대표하는 대학 중 하나다.

칼럼
버클륨은 명문대 출신

버클륨은 캘리포니아대학교 버클리캠퍼스의 교수 글렌 시보그가 발견해 붙여진 이름이다. 이 학교에서는 풀러렌을 발견한 로버트 컬Robert Curl 등 수많은 노벨상 수상자가 탄생했다.

98
Cf

캘리포늄
[Californium]

중요도 ★☆☆☆

원소 메모

원자량 (252)	**상온에서의 상태** 고체	**녹는점** 897℃	**끓는점** —
밀도 15.1g/cm³	**발견된 해** 1950년	**발견자** 글렌 시보그, 앨버트 기오르소, 스탠리 톰프슨, 케니스 스트리트
색 은백색	**분류** 전이금속·악티늄족	

중성자

252
Cf

캘리포늄은 쓰임새가 있는 원소 중에서 원자번호가 가장 크다. 중성자의 발생원으로 쓰인다.

칼럼
'쓸모 있는' 원소 중에서 가장 크다

캘리포늄은 1950년에 캘리포니아대학교 버클리캠퍼스에서 합성되었다. 중성자의 발생원으로 쓰이고 있다. 참고로 이후 등장하는 원소는 모두 연구에서만 사용되고 있으므로 현재까지는 캘리포늄이 실용적인 원소 중에서 가장 크다.

99
Es

아인슈타이늄
[Einsteinium]

중요도 ★☆☆☆

원소 메모

원자량 (152)	**상온에서의 상태** 고체	**녹는점** 860℃	**끓는점** –
밀도 –	**발견된 해** 1952년	**발견자** 버나드 하비, 앨버트 기오르소, 그레고리 쇼핀, 스탠리 톰프슨	
색 은백색	**분류** 전이금속·악티늄족		

이 이름은 유명한 물리학자인 아인슈타인에서 유래했다.

칼럼
발견의 역사

아인슈타이늄은 수소폭탄 실험에서 나온 재 속에서 발견되었다. 1952년, 에니위톡 환초에서 실시된 세계 최초의 수소폭탄 실험이다. 처음 발견되었을 때는 원자폭탄과 관련된 군사기밀 취급을 받았지만 발견 이후 수년이 지나면서 간신히 공표되었다.

100
Fm

페르뮴
[Fermium]

중요도 ★☆☆☆

원소 메모

원자량 (257)	**상온에서의 상태** 고체	**녹는점** –	**끓는점** –
밀도 –	**발견된 해** 1952년	**발견자** 버나드 하비, 앨버트 기오르소, 그레고리 쇼핀, 스탠리 톰프슨	
색 불명	**분류** 전이금속·악티늄족		

아인슈타이늄과 함께 수소폭탄 실험으로 발견되었다.

칼럼
군사기밀이었던 원소

페르뮴은 이웃한 아인슈타이늄과 함께 수소폭탄 실험에서 나온 재에서 발견되었다. 하지만 당시는 한창 냉전 중이었기 때문에 이 발견은 군사기밀이었다. 참고로 이름은 노벨물리학상을 받은 엔리코 페르미Enrico Fermi에서 유래했다.

101
Md

멘델레븀
[Mendelevium]

중요도 ★☆☆☆

원소 메모

원자량	(258)
밀도	–
색	불명

상온에서의 상태	–
발견된 해	1955년
분류	전이금속·악티늄족

| 녹는점 | – |

| 끓는점 | – |

발견자 앨버트 기오르소, 글렌 시보그,
버나드 하비, 스탠리 톰프슨 외

멘델레예프는 주기율표를
고안한 러시아의 화학자다.

칼럼
멘델레예프

멘델레예프는 주기율표를 고안한 화학자다. 주기율표를 처음 발표했을 때는 의심의 눈초리를 보내는 사람도 많았지만 주기율표의 공난을 채우는 원소가 잇따라 발견되면서 점차 널리 사용되기 시작했다. 멘델레븀은 그런 멘델레예프의 업적을 기리고자 이름 붙인 원소다.

102
No

노벨륨
[Nobelium]

중요도 ★☆☆☆

원소 메모

원자량	(259)
밀도	–
색	불명

상온에서의 상태	–
발견된 해	1957년
분류	전이금속·악티늄족

| 녹는점 | – |

| 끓는점 | – |

발견자 앨버트 기오르소, 글렌 시보그, 존 월튼,
토르비에른 시케랜드

No

이름을 정할 때 한바탕 말썽이
벌어졌다고 한다.

칼럼
원소명을 둘러싼 냉전

이 원소는 같은 시기에 여러 연구팀이 발견했는데, 소련의 연구팀은 '졸리오튬Jo'을, 스웨덴·미국·영국의 연구팀은 '노벨륨No'을 주장했다. 약 30년의 '냉전'을 거친 뒤 노벨륨이 채택되었다.

악티늄족

103
Lr

로렌슘
[Lawrencium]

중요도 ★☆☆☆

원소 메모

원자량 (262)	**상온에서의 상태** -	**녹는점** -	**끓는점** -
밀도 -	**발견된 해** 1961년	**발견자** 앨버트 기오르소, 토르비에른 시케랜드,
색 불명	**분류** 전이금속·악티늄족	앨런 라쉬, 로버트 라티머

이 이름은 사이클로트론을 고안한 미국의
물리학자 어니스트 로렌스^{Ernest Lawrence}에서
유래했다.

 칼럼

성질이 판명된 초중원소*

원자번호가 큰 초중원소는 일반적으로 불안정하기 때문에 화학적 성질을 판명해내기 어렵다. 하지만 2015년에 일본 원자력 연구개발기구가 사이클로트론을 이용해 로렌슘의 이온화 에너지를 측정하는 데 성공했다.

* 원자번호가 102번 이상인 원소를 통틀어 부르는 이름-옮긴이

칼럼

란타넘족과 악티늄족은 왜 주기율표에서 하나로 묶여 있을까?

란타넘족과 악티늄족은 모두 15개의 원소를 포함하고 있는데 주기율표에서는 어째서인지 각각 제6주기 제3족, 제7주기 제3족 부분에 하나로 묶여 있다. 어째서 따로 나누지 않고 답답하게 15개를 한데 모아서 배치한 것일까? 이를 이해하려면 우선 주기율표에 대해 알아야 한다.

주기율표는 멘델레예프라는 과학자가 고안해냈다. 원소를 원자량이 작은 순서대로 나열하면 비슷한 성질을 지닌 원소가 주기적으로 나타난다는 사실을 발견한 그는 비슷한 성질의 원소를 주기율표의 세로 부분에 배치했다. 다시 말해 주기율표에는 세로로 늘어선, 다시 말해 같은 족에 속한 원소끼리는 비슷한 성질이어야 한다는 의도가 담겨 있는 것이다. 이러한 이유로 비슷한 성질을 지닌 란타넘족과 악티늄족은 한데 묶여서 배치되었다.

제 7 장

제 7 주기

제7주기의 원소에는 113번 원소인 니호늄을 포함해 만들어진 지 얼마 안 된 원소들이 많다. 자연계에는 거의 존재하지 않으므로 모두 자세한 성질은 아직 수수께끼에 싸여 있다. 이 장에서는 주로 화학자들이 새로운 원소의 대부가 되기 위해 어떠한 우여곡절을 겪었는지를 중심으로 다루어보겠다.

제 **7** 주기 **1족**

87

Fr

프랑슘

[Francium]

중요도 ★☆☆☆

원소 메모

원자량 (223)	**상온에서의 상태** 고체	**녹는점** 27℃	**끓는점** 677℃
밀도 1.87g/cm³	**발견된 해** 1939년	**발견자** 마르그리트 페레
색 은백색(추정)	**분류** 알칼리금속

프랑슘은 자연계에서 발견된 마지막 원소로, 지각 내부에 극히 미량만 존재한다.

칼럼

22분의 목숨

프랑슘은 우라늄 광석에 극히 미량이 함유된 방사성 원소다. 안정동위원소는 존재하지 않는 매우 불안정한 원소로, 가장 오래 유지되는 프랑슘223조차 반감기가 22분밖에 되지 않는다.

제 **7** 주기 **2족**

88

Ra

라듐

[Radium]

중요도 ★☆☆☆

원소 메모

원자량 (226)	**상온에서의 상태** 고체	**녹는점** 700℃	**끓는점** 1140℃
밀도 5g/cm³	**발견된 해** 1898년	**발견자** 피에르 퀴리, 마리 퀴리
색 백색	**분류** 알칼리토금속

형광도료에 사용되었지만 방사선은 인체에 유해하기 때문에 지금은 쓰이지 않는다.

칼럼

야광도료

방사성 원소인 라듐은 과거 시계의 문자판 등에 칠하는 야광 도료로 쓰였다. 당시는 무해하다 여겼기에 도색 작업을 맡았 던 많은 여성 노동자가 목숨을 잃어 소송이 벌어졌다. 현재 야광도료에는 다른 안전한 물질을 쓰고 있다.

제 **7** 주기 **4**족

104
Rf

러더포듐
[Rutherfordium]

중요도 ★☆☆☆

원소 메모

원자량 (267)	**상온에서의 상태** −	**녹는점** −	**끓는점** −
밀도 −	**발견된 해** 1969년	**발견자** 앨버트 기오르소
색 불명	**분류** 전이금속·초악티늄족*

* 원자번호가 104번 이상인 원소들을
부르는 용어−옮긴이

이 이름은 원자물리학의 아버지라 불리는
연구자 러더퍼드에서 유래했다.

칼럼
유래가 된 러더퍼드

러더포듐이라는 이름은 물리학자 어니스트 러더퍼드Ernest
Rutherford에서 따온 것이다. '원자물리학의 아버지'라고 불렸
는데, 원자의 중심에는 작은 핵이 있으며 그 주변을 전자
가 돌고 있다는 '행성 모델'을 주장한 인물이다.

제 **7** 주기 **5**족

105
Db

더브늄
[Dubnium]

중요도 ★☆☆☆

원소 메모

원자량 (268)	**상온에서의 상태** −	**녹는점** −	**끓는점** −
밀도 −	**발견된 해** 1967년	**발견자** 게오르기 플료로프, 앨버트 기오르소
색 불명	**분류** 전이금속·초악티늄족

두브나 합동
원자핵연구소에서
발견되어 이 이름이
붙었다.

칼럼
명명권 쟁탈전

더브늄은 러시아와 미국의 연구팀이 명명권
을 두고 다툼을 벌였다. 결국 러시아에 있는
두브나 합동 원자핵연구소에서 유래한 더브
늄이라는 이름이 채택되었다.

제 7 주기 · 6족

106
Sg

시보귬
[Seaborgium]

중요도 ★☆☆☆

원소 메모

원자량 (271)	상온에서의 상태 –	녹는점 –	끓는점 –
밀도 –	발견된 해 1974년	발견자 앨버트 기오르소, 게오르기 플료로프	
색 불명	분류 전이금속·초악티늄족		

이름의 유래가 된 글렌 시보그는 여러 원소를 발견하는 데 공헌했다.

칼럼
이름의 유래

이 이름은 화학자 글렌 시보그$^{Glenn\ Seaborg(1912~1999)}$에서 유래했다. 시보그는 원자번호 94번 플루토늄부터 102번 노벨륨까지 9개의 원소를 인위적으로 만들어낸 공적 등으로 1951년에 노벨화학상을 받았다.

제 7 주기 · 7족

107
Bh

보륨
[Bohrium]

중요도 ★☆☆☆

원소 메모

원자량 (272)	상온에서의 상태 –	녹는점 –	끓는점 –
밀도 –	발견된 해 1981년	발견자 페터 아름브루스터, 고트프리트 뮌첸베르크	
색 불명	분류 전이금속·초악티늄족		

보륨은 물리학자인 닐스 보어$^{Niels\ Bohr}$에서 유래해 붙여진 이름이다.

칼럼
러시아와 독일의 다툼

보륨의 발견을 최초로 발표한 곳은 러시아의 연구소였다. 하지만 이후 독일의 연구소에서도 동일한 방법으로 보륨을 만들어내는 데 성공했다. 그렇기 때문에 어느 쪽이 더 신뢰할 수 있는 결과인지를 두고 논쟁이 벌어졌다.

제 **7** 주기 **8**족

108

Hs

하슘
[Hassium]

중요도 ★☆☆☆

원소 메모

| 원자량 (277) | 상온에서의 상태 – | 녹는점 – | 끓는점 – |

밀도 – 　발견된 해 1984년 　발견자 페터 아름브루스터,
색 불명 　분류 전이금속·초악티늄족 　　　고트프리트 뮌첸베르크

인공적으로 합성된 원소지만
화합물이 확인되었다.

칼럼

마법수

원자핵에 포함된 중성자와 양성자가 특정한 개수를 이루면 원자
는 비교적 안정된다. 이 수를 마법수라고 하는데, 하슘의 양성자수
인 108 역시 마법수라고 여겼다. 하지만 하슘은 불안정 원소라는
사실이 밝혀졌고, 마법수에 관한 연구는 지금도 이어지고 있다.

제 **7** 주기 **9**족

109

Mt

마이트너륨
[Meitnerium]

중요도 ★☆☆☆

원소 메모

| 원자량 (276) | 상온에서의 상태 – | 녹는점 – | 끓는점 – |

밀도 – 　발견된 해 1982년 　발견자 페터 아름브루스터,
색 불명 　분류 전이금속·초악티늄족 　　　고트프리트 뮌첸베르크

리제 마이트너는 뛰어난 업적에도
노벨상을 받지 못했지만, 원소명의
유래가 되었다는 사실은 그와
맞먹는 영예다.

칼럼

마이트너와 한

이 이름은 물리학자 리제 마이트너Lise Meitner에서 유래했다. 마이트
너는 오토 한Otto Hahn과의 연구를 통해 핵분열을 발견했지만 홀로
노벨상을 받지 못했다. 한편 한은 원소명 심사에서 한 차례 낙선했
기 때문에 더 이상 원소명으로서 이름을 남길 일은 없다.

110
Ds

다름슈타튬
[Darmstadtium]

중요도 ★☆☆☆

원소 메모

| 원자량 | (281) | 상온에서의 상태 | − | 녹는점 | − | 끓는점 | − |

| 밀도 | − | 발견된 해 | 1994년 | 발견자 | 지구르트 호프만, 페터 아름브루스터 외 |

| 색 | 불명 | 분류 | 전이금속·초악리늄족 |

이 이름이 유래된
다름슈타르는 독일의 학술
도시다.

칼럼
이름의 유래

다름슈타튬은 독일의 중이온연구소(GSI)에서 납에 니켈 이온을 충돌시켜 합성했다. 다름슈타튬이라는 이름은 GSI가 위치한 다름슈타트시에서 유래했다.

111
Rg

뢴트게늄
[Roentgenium]

중요도 ★☆☆☆

원소 메모

| 원자량 | (280) | 상온에서의 상태 | − | 녹는점 | − | 끓는점 | − |

| 밀도 | − | 발견된 해 | 1994년 | 발견자 | 지구르트 호프만, 페터 아름브루스터 외 |

| 색 | 불명 | 분류 | 전이금속·초악리늄족 |

뢴트게늄이 X선을 발견하고
100년 뒤에 발견되었기
때문에 붙은 이름이다.

칼럼

이름의 유래

이 이름은 당연히 X선을 발견한 것으로 알려진 물리학자 빌헬름 뢴트겐Wilhelm Rontgen(1845~1923)에서 유래했다. 뢴트겐이 1895년 X선을 발견하고 100년 후 합성이 발표된 이 111번 원소에 뢴트게늄이라는 이름이 붙었다.

제 **7** 주기 | 12족

112
Cn

코페르니슘
[Copernicium]

중요도 ★☆☆☆

원소 메모

원자량 (285)	상온에서의 상태 –	녹는점 –	끓는점 –
밀도 –	발견된 해 1996년	발견자 지구르트 호프만,
색 불명	분류 아연족·초악티늄족	페러 아름브루스터 외

코페르니쿠스에서 유래한
코페르니슘은 코페르니쿠스의 생일에
정식 명칭으로 발표되었다.

칼럼
지동설을 주장한 바로 그 사람

이 이름의 유래가 된 인물은 '지구는 태양을 중심으로 돈다'
라는 지동설을 주장한 코페르니쿠스다. IUPAC에서는 112번
원소의 영어명을 발표한 날짜를 코페르니쿠스의 생일인 2월
19일로 맞추었다.

제 **7** 주기 | 13족

113
Nh

니호늄
[Nihonium]

중요도 ★☆☆☆

원소 메모

원자량 (284)	상온에서의 상태 –	녹는점 –	끓는점 –
밀도 –	발견된 해 2004년	발견자 모리타 고스케 외
색 불명	분류 초악티늄족	

이름에 일본이 붙은 원소

칼럼
일본에서 최초로 발견한 새로운 원소

니호늄은 일본의 이화학연구소가 합성·증명에 성공했으므로 일
본에 원소의 이름을 붙일 권리가 주어졌고, 2016년 11월에 정식으
로 '니호늄'이라는 이름이 붙었다. 일본의 연구팀은 가속시킨 아연
Zn을 비스무트Bi에 충돌시켜서 니호늄을 얻었다.

114
Fl

중요도 ★☆☆☆

플레로븀
[Flerovium]

원소 메모

원자량 (289)	상온에서의 상태 −	녹는점 −	끓는점 −
밀도 −	발견된 해 1999년	발견자 유리 오가네시안	
색 불명	분류 초악티늄족		

동위원소 중 하나가
초중원소로서는 수명이
이례적일 것으로 예측한다.

칼럼
안정적인 플레로븀

플레로븀의 양성자수는 양성자의 '마법수'인 114이기 때문에 전후한 원소에 비해 반감기가 길 것으로 생각된다. 중성자수가 마법수 184인 ^{298}Fl은 '안정성의 섬Island of stability(양성자 혹은 중성자, 또는 그 모두가 마법수여서 반감기가 긴 원소군-옮긴이)'에 해당하므로 반감기가 다른 초중원소보다 길 것으로 예상한다.

115
Mc

중요도 ★☆☆☆

모스코븀
[Moscovium]

원소 메모

원자량 (288)	상온에서의 상태 −	녹는점 −	끓는점 −
밀도 −	발견된 해 2004년	발견자 유리 오가네시안	
색 불명	분류 초악티늄족		

이름의 유래가 된
모스크바주에는
합동 원자연구소가
있는 두브나시가 있다.

칼럼
새로운 원소

니호늄에 이름이 붙으며 동시에 새로운 3개 원소(115, 117, 118)의 이름도 정해졌다. 그중 하나인 모스코븀은 두브나 합동 원자핵연구소가 위치한 러시아의 모스크바주에서 유래했다.

116
Lv

리버모륨
[Livermorium]

중요도 ★☆☆☆

원소 메모

원자량 (293)	상온에서의 상태 -
밀도 -	발견된 해 2000년
색 불명	분류 초악티늄족

녹는점 - 끓는점 -

발견자 유리 오가네시안, 블라디미르 유천코프, 켄튼 무디

이 이름의 유래인 로렌스 리버모어 국립연구소에서는 지금도 원자력을 중심으로 연구를 하고 있다.

 칼럼
신원소 날조사건

114, 116, 118번 원소는 본래 빅터 니노프가 발견을 보고했으나 이후 그 데이터가 날조되었다는 사실이 밝혀졌다. 116번 원소인 리버모륨의 이름은 이 원소뿐 아니라 새로운 원소 발견에 공헌한 로렌스 리버모어 국립연구소에서 유래했다.

117
Ts

테네신
[Tennessine]

중요도 ★☆☆☆

원소 메모

원자량 (293)	상온에서의 상태 -
밀도 -	발견된 해 2009년
색 불명	분류 초악티늄족

녹는점 - 끓는점 -

발견자 유리 오가네시안

테네신은 미국의 테네시주에서 유래한 이름이다.

 칼럼
조금 다른 명명법

지금까지 나온 7주기 원소는 '~ium'이라는 이름이었으나 117번 원소는 17족으로, 할로젠의 성질을 지녔으리라 예상하기 때문에 할로젠 원소 명명 법칙에 근거해 이름이 '-ine'으로 끝나게끔 '테네신'이라는 이름이 붙여졌다.

제 **7** 주기 **18족**

118
Og

오가네손
[Oganesson]

중요도 ★☆☆☆

원소 메모

원자량 (294) **상온에서의 상태** – **녹는점** – **끓는점** –

밀도 – **발견된 해** 2002년 **발견자** 유리 오가네시안

색 불명 **분류** 초악티늄족

118
Og → 119
?

이 책이 쓰인 현 시점에서는
존재가 확인된 원소 중
원자번호가 가장 큰 원소다.

칼럼
가장 무거운 원소

오가네손은 현재 발견된 원소 중에서 가장 무거운 원소
다. 또한 주기율표에서 정식 명칭이 결정된 마지막 원소
로, 원자번호는 118이다. 오가네손에 이름이 붙으면서 제
7주기 원소가 모두 이름을 갖게 되었고, 주기율표가 깔끔
하게 채워졌다.

칼럼

우눈○○

니호늄Nh을 비롯한 몇 가지 원소는 2016년에 이름이 붙여졌다. 조금 오래된 주기율표에서는
113번 원소를 우눈트륨Uut이라고 불렀다. 또한 주변의 원소 역시 우눈○○으로 나와 있다. 이
'우눈'은 무엇을 뜻하는 말일까.

사실 이는 정식으로 정해진 원소의 계통명이다. 아래 표처럼 숫자를 100의 자리부터 순서대
로 읽은 뒤 어미에 -ium을 붙여서 원소명을 결정했다. 이 방식에 따라 모든 원소에 이름을 붙일
수 있다. 110번 대의 원소는 우눈○○이 되는데, 니호늄은 113번이니 우눈+트리+움이 된다.

0	1	2	3	4	5	6	7	8	9
닐	운	비	트리	쿼드	펜트	헥스	셉트	옥트	엔

제 8 장

족 특집

지금까지는 주기율표를 '가로'로 살펴보았지만 '세로'로 살펴보면 어떻게 될까. 사실 주기율표의 세로줄은 '족'이라고 하는데, 같은 족의 원소는 서로 성질이 비슷한 것이 많다. 이 책에서는 특히 중요한 1족, 2족, 17족, 18족의 특징적인 성질에 대해 정리했다.

1족

알칼리금속

Li Na K Rb Cs Fr

포인트

√ 1개의 가전자를 가지며 1가 양이온이 되기 쉽다

√ 홑원소 물질은 모두 은백색으로, 녹는점이 낮으며 밀도가 낮다

√ 강한 환원작용을 한다

√ 화합물은 불꽃 반응을 보인다

√ 홑원소 물질은 그 화합물의 용융염 전해를 통해 얻을 수 있다

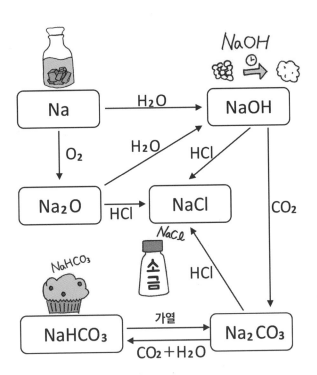

아래에서는 알칼리금속 중에서도 소듐Na의 반응에 주목하고자 한다.

홑원소 물질(Na)의 반응

- 물과의 반응을 통해 수소를 발생시키며 강염기성 수산화물이 된다.

$$2Na+2H_2O \rightarrow 2NaOH+H_2$$

- 공기 중에 있는 산소와 반응해 빠르게 산화물이 된다.

$$4Na+O_2 \rightarrow 2Na_2O$$

산화물(Na₂O)의 반응

- 염기성 산화물로, 물과 반응해 수산화물, 산과 반응해 금속염이 된다.

$$Na_2O+H_2O \rightarrow 2NaOH$$

$$Na_2O+2HCl \rightarrow 2NaCl+H_2O$$

수산화물(NaOH)의 반응

- 수용액은 강염기성으로, 이산화탄소를 쉽게 흡수해 탄산염을 만들어낸다.

$$2NaOH+CO_2 \rightarrow Na_2CO_3+H_2O$$

- 탄산염의 수용액에 추가로 이산화탄소를 통과시키면 탄산수소염을 만들어낸다.

$$Na_2CO_3+H_2O+CO_2 \rightarrow 2NaHCO_3$$

탄산염(Na₂CO₃)의 반응

- 강산을 첨가하면 약산 유리 반응이 벌어져 이산화탄소가 발생한다.

$$Na_2CO_3+2HCl \rightarrow 2NaCl+H_2O+CO_2$$

탄산수소염(2NaHCO₃)의 반응

- 탄산염과 마찬가지로 강산을 첨가하면 약산 유리 반응이 벌어져 이산화탄소가 발생한다.

$$NaHCO_3+HCl \rightarrow NaCl+H_2O+CO_2$$

- 탄산수소염은 가열하면 쉽게 분해되어 탄산염이 된다.

$$2NaHCO_3 \rightarrow Na_2CO_3+H_2O+CO_2$$

알칼리토금속

Ca Sr Ba Ra

(2족 원소 전체를 알칼리토금속으로 보기도 한다)

포인트

✓ 알칼리금속에 비해 녹는점과 밀도가 높다

✓ 홑원소 물질은 공기 중에서 가열하면 격하게 타오르며 산화물이 된다

✓ 상온에서 물과 반응해 수산화물과 수소를 만들어낸다

✓ 화합물은 불꽃 반응을 보인다

✓ 해당 화합물의 용융염 전해를 통해 얻을 수 있다

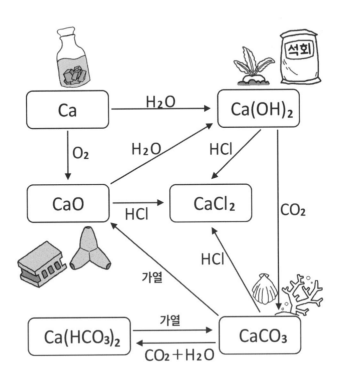

아래에서는 알칼리토금속 중에서도 칼슘Ca의 반응에 주목하고자 한다.

홑원소 물질(Ca)의 반응

• 물과의 반응을 통해 수소를 발생시키며 강염기성 수산화물이 된다.

$$Ca+2H_2O \rightarrow Ca(OH)_2+H_2$$

• 공기 중에 있는 산소와 반응해 빠르게 산화물이 된다.

$$2Ca+O_2 \rightarrow 2CaO$$

산화물(CaO)의 반응

• 염기성 산화물로, 물과 반응해 수산화물, 산과 반응해 금속염이 된다.

$$CaO+H_2O \rightarrow Ca(OH)_2$$

$$CaO+2HCl \rightarrow CaCl_2+H_2O$$

수산화물(Ca(OH)₂)의 반응

• 가열하면 물을 잃고 산화물이 된다.

$$Ca(OH)_2 \rightarrow CaO+H_2O$$

탄산염(CaCO₃)·탄산수소염(Ca(HCO₃)₂)의 반응

• 가열하면 열분해를 통해 이산화탄소를 발생시키며 산화물이 된다.

$$CaCO_3 \rightarrow CaO+CO_2$$

• 탄산염은 물에 잘 녹지 않는다. 탄산칼슘이 침전되어 뿌옇게 변한 석회수(수산화칼슘 수용액)에 이산화탄소를 통과시키면 물에 잘 녹는 탄산수소칼슘이 발생해 침전물이 사라진다. 또한 탄산수소칼슘 수용액을 가열하면 탄산칼슘의 하얀 침전물이 생겨난다.

$$CaCO_3+H_2O+CO_2 \rightleftarrows Ca(HCO_3)_2$$

• 강산을 첨가하면 약산 유리 반응이 일어나 이산화탄소가 발생한다.

$$CaCO_3+2HCl \rightarrow CaCl_2+H_2O+CO_2$$

할로젠

F Cl Br I At Ts

포인트

✓ 7개의 가전자를 가지며 1가 음이온이 되기 쉽다

✓ 홑원소 물질은 모두 이원자 분자로 존재하며 특유의 색과 독성이 있다

✓ 할로젠화수소는 모두 무색이며 자극적인 냄새가 나는 유독성 기체다

✓ 할로젠화수소는 물에 잘 녹으며 수용액은 산성을 띤다

플루오린은 담황색 기체

염소는 황록색 기체

아이오딘은 흑자색 고체

브로민은 적갈색 액체

상온에서의 상태와 색깔

F - 기체·담황색   CI - 기체·황록색   Br - 액체·적갈색   I - 고체·흑자색

수소와의 반응

- 플루오린은 온도가 낮고 어두운 곳에서도 폭발적으로 반응해 플루오린화수소를 발생시킨다.

$$F_2 + H_2 \rightarrow 2HF$$

- 염소는 상온에서 빛을 쬐었을 때 반응하고 브로민은 고온에서 반응하며 모두 할로젠화수소를 발생시킨다.

$$Cl_2 + H_2 \rightarrow 2HCl$$

$$Br_2 + H_2 \rightarrow 2HBr$$

- 아이오딘은 고온에서 일부 반응해 아이오딘화수소와 평형상태를 이룬다.

$$I_2 + H_2 \rightleftarrows 2HI$$

물과의 반응

- 플루오린은 물과 격렬하게 반응해 산소를 발생시킨다.

$$2F_2 + 2H_2O \rightarrow 4HF + O_2$$

- 염소와 브로민은 모두 물에 조금 녹아 할로젠화수소와 하이포아염소산/하이포아브롬산을 발생시킨다.

$$Cl_2 + H_2O \rightleftarrows HCl + HClO$$

$$Br_2 + H_2O \rightleftarrows HBr + HBrO$$

- 아이오딘은 물에 잘 녹지 않으며 반응하지 않는다.

홑원소 물질의 산화력

- 산화력은 아래의 순서대로 약해진다.

$$F_2 > Cl_2 > Br_2 > I_2$$

- 예를 들어 브로민화물 이온과 염소는 반응하지만 염화물 이온과 브로민은 반응하지 않는다.

$$2KBr + Cl_2 \rightarrow 2KCl + Br_2$$

$$2KCl + Br_2 \nrightarrow 2KBr + Cl_2$$

18족

희유기체

He Ne Ar Kr Xe Rn Og

닫힌 껍질 구조

18족 원소는 원자핵을 둘러싼 전자궤도 중 가장 바깥쪽에 존재하는 최외각이 전자로 가득 채워진 상태(닫힌 껍질)이기 때문에 원자 간의 화학적 결합에 관여하는 가전자가 없다. 따라서 희유기체는 반응성이 매우 낮고, 기본적으로 단원자분자로서 존재한다.

이용법

희유기체는 반응성이 낮다는 점을 살려 봉입용 기체로 쓰인다.

- 헬륨(He) → 헬륨 풍선용 기체
- 네온(Ne) → 네온사인 봉입용 기체
- 아르곤(Ar) → 조명 봉입용 기체
- 크립톤(Kr) → 백열전구 봉입용 기체
- 제논(Xe) → 자동차 헤드라이트 봉입용 기체

용어해설

· ·

각 원소의 해설 부분에 나오는 내용을 이해하기 위해 알아두어야
할 최소한의 용어를 정리했다. '이게 무슨 뜻이더라……?' 싶을 때는
적절히 이 장으로 돌아와 용어의 뜻을 정확하게 새겨두도록 하자.

주기율표에 관한 용어

족과 주기
주기율표에서 세로줄을 족, 가로줄을 주기라고 한다. 예를 들어 수소는 제1족 제1주기, 탄소는 제14족 제2주기다.

전형원소와 전이원소
주기율표에서 1족, 2족과 12~18족에 속한 원소를 전형원소, 3족~11족에 속한 원소를 전이원소라고 부른다. 같은 족에 속한 전형원소는 서로 성질이 비슷한 경우가 많다. 또한 전이원소는 모두 금속원소다(12족을 전이원소로 보기도 한다).

알칼리금속
주기율표에서 제1족에 속한 원소 중 수소를 제외한 원소를 알칼리금속이라고 부른다. 가전자수는 모두 1이며 1가 양이온이 되기 쉽다.

알칼리토금속
주기율표에서 제2족에 속한 원소 중 베릴륨과 마그네슘을 제외한 원소를 알칼리토금속이라고 부른다.(2족 원소 전체를 알칼리토금속으로 보기도 한다.) 가전자수는 모두 2이며 2가 양이온이 되기 쉽다.

희유기체원소
주기율표에서 제18족에 속한 원소를 희유기체원소라고 부른다. 비활성기체라고 표기하기도 한다. 전자배치가 닫힌 껍질이기 때문에 기본적으로 안정되어 있다.

할로젠
주기율표에서 제17족 원소를 할로젠이라고 부른다. 1가 음이온이 되기 쉬우며 산화력 또한 강한 원소가 많다.

란타넘족과 악티늄족
란타넘족이란 원자번호 57부터 71에 대응하는 15개 원소의 총칭이다. 또한 악티늄족이란 원자번호 89부터 103에 대응하는 15개 원소의 총칭이다.

원자에 관한 용어

원자핵
원자핵이란 전자와 함께 원자를 구성하는 요소 중 하나로, 원자의 중심에 위치해 있다. 양성자와 중성자가 모여서 형성된 것으로, 원자핵 자체는 양전하를 띤다.

전자
전자는 원자핵과 함께 원자를 구성하는 요소 중 하나로, 원자 내부에서는 원자핵 주변을 돌고 있다. 음전하를 띠며 전류를 담당하기도 한다.

양성자와 중성자
양성자란 양전하를 띤 입자로, 원자핵을 구성하는 입자 중 하나다. 중성자는 전하를 띠지 않는 입자로, 양성자와 마찬가지로 원자핵을 구성한다.

원자번호
원자의 원자핵에 포함된 양성자의 수를 원자번호라고 한다.

전자궤도, 전자배치
원자핵을 둘러싼 전자는 어느 특정한 위치나 에너지만을 취할 수 있다. 전자가 취할 수 있는 이러한 상태를 전자궤도라고 부른다. K 껍질, L 껍질, M 껍질 등은 모두 전자궤도의 종류다. 원자궤도, 궤도 등으로 부르기도 한다. 전자배치는 말 그대로 전자의 배치 방식으로, 어느 궤도에 몇 개의 전자가 들어 있는지를 가리킨다.

질량수
질량수란 원자에 포함된 중성자와 양성자의 합계를 나타낸 수다. 원자의 무게를 나타내는 척도가 된다. 예를 들어 질량수 12인 탄소(^{12}C라고 표기한다)는 양성자와 중성자를 6개씩 지니고 있다.

동소체
동일한 하나의 원소에서 형성되었지만 성질이 다른 것들을 동소체라고 한다. 예를 들어 흑연과 다이아몬드는 모두 탄소에서만 형성되지만 성질이 다르기 때문에 동소체다. 동위원소와는 다르므로 주의하자.

동위원소(아이소토프)
같은 수의 양성자를 지녔지만 중성자의 수가 다른 원자들을 동위원소라고 한다. 기본적으로 동위원소끼리는 화학적 성질이 유사한 경우가 많다. 아이소토프^{isotope}라고 부르기도 한다. 동소체와는 다르므로 주의하자.

방사성 동위원소(라디오아이소토프)
동위원소 중 원자핵이 불안정해 방사선을 방출하며 붕괴하는 것을 방사성 동위원소라고 한다. 라디오아이소토프^{radioisotope}라고 부르기도 한다.

핵분열

무거운 원자핵이 그보다 가벼운 원자핵으로 나뉘는 현상을 핵분열이라고 한다. 원자가 핵분열을 일으킬 때는 큰 에너지를 외부로 방출하는데, 이 에너지를 이용하는 것이 바로 원자력발전이다.

붕괴

원자핵이 방사선(알파선이나 베타선 등)을 방출해 다른 원자핵으로 변하는 현상을 붕괴라고 한다. 괴변이라 부르기도 한다. 방출하는 방사선의 종류에 따라 알파 붕괴, 베타 붕괴 등으로 부른다.

반감기

붕괴를 통해 원자핵의 수가 절반으로 줄어들어 다른 원자핵으로 변하기까지 걸리는 시간을 반감기라고 부른다. 원자핵이 붕괴하는 속도의 기준이 된다.

물질의 분류에 관한 용어

순물질

1개의 화학식으로 나타낼 수 있는 물질을 뜻한다. 홑원소 물질과 화합물로 나뉜다.

홑원소 물질

1종류의 원소로 이루어진 순물질을 뜻한다. 산소O_2나 질소N_2, 알루미늄Al 등이 있다.

화합물

여러 종류의 원소로 이루어진 순물질을 뜻한다. 물H_2O이나 이산화탄소CO_2, 산화알루미늄Al_2O_3 등이 있다.

혼합물

여러 종류의 순물질을 포함한 물질을 뜻한다. 공기는 질소, 산소, 이산화탄소 등의 순물질로 이루어진 혼합물이다. 성질이 다른 순물질이 섞여 있기 때문에 혼합물의 성질은 조성 상태에 따라 일정치 않다.

화학 반응에 관한 용어

화학 반응

화학적 변화에 따라 어느 성질을 지닌 물질이 다른 성질의 물질로 변하는 현상이다. 반응 전의 물질을 반응물, 반응 후의 물질을 생성물이라고 한다. 반응물과 생성물은 포함된 원자의 종류와

수가 동일하다.

분자량
분자 속 원자의 원자량을 모두 합친 것이다. 각 원자의 원자량은 탄소12 원자의 질량의 1/12에 대한 비율로 나타낸다. 원자량은 (해당 원자의 질량)÷(^{12}C 원자의 질량)으로 나타내므로 단위가 없다.

몰(mol)
물질의 개수를 나타내기 위한 국제계량단위계(SI)의 기본 단위다. 1mol에 대한 기존의 정의는 12g의 ^{12}C를 구성하는 데 필요한 ^{12}C 원자의 개수(아보가드로 수: 6.022×10^{23}개)였다. 하지만 2019년 5월 20일부터 정의가 변경되었다. 새로운 정의에서는 아보가드로 수(N_A)가 정확한 상수로 고정되면서 '1mol=N_A개의 원자와 분자'로 정해졌다.

물질의 상태에 관한 용어

융해/응고
물질이 고체에서 액체로 변하는 것을 융해, 액체에서 고체로 변하는 것을 응고라고 한다. 각각의 현상이 일어나는 온도를 녹는점/어는점이라고 한다.

비등/응축
물질이 액체에서 기체로 변하는 현상을 기화라고 부르는데, 그중에서도 액체의 내부에서도 벌어지는 기화를 비등이라 하고, 액체의 표면에서만 벌어지는 기화를 증발이라고 한다. 비등이 벌어지는 온도를 끓는점이라고 한다. 반대로 물질이 기체에서 액체로 변하는 현상을 응축이라고 한다.

승화/증착
물질이 고체에서 기체로 변하는 현상을 승화, 기체에서 고체로 변하는 현상을 증착이라고 한다. 우리 주변에서는 이산화탄소CO_2가 이 현상을 보이는데, 드라이아이스에서 기체인 이산화탄소가 발생할 때 상온에서는 액체 상태의 이산화탄소를 관찰할 수 없다.

기체를 모으는 방법
기체를 모으는 방법은 주로 3종류가 있는데, 기체의 성질에 따라 방법이 나뉜다. 물에 잘 녹지 않는 물질이라면 수상치환, 물에 잘 녹으며 공기보다 가벼운 물질이라면 상방치환, 물에 잘 녹으며 공기보다 무거운 물질이라면 하방치환으로 모을 수 있다.

| 수상치환 | 상방치환 | 하방치환 |

원자 내부의 전자에 관한 용어

전자껍질
원자핵 주변을 회전하는 전자가 존재할 수 있는 전자궤도의 모임을 전자껍질이라고 한다.

최외각전자
원자를 구성하는 전자 중, 가장 바깥쪽 전자껍질에 존재하는 전자를 뜻한다. 특히 헬륨을 제외한 전형원소는 최외각전자의 수와 해당 원자의 족 번호의 첫 번째 자릿수가 일치한다.

가전자, 원자가전자
원자를 구성하는 전자 중 물질로서의 성질이나 다른 원자와의 결합 등에 관여하는 전자를 뜻한다. 희유기체를 제외한 전형원소에서는 가전자의 수가 최외각전자의 수와 일치하며, 희유기체의 가전자수는 0이다.

공유결합/공유전자쌍
화학결합 중에서 두 원자가 전자쌍을 공유함으로써 생겨나는 결합. 이때 공유되는 전자쌍을 공유전자쌍이라고 한다. 화학결합 중에서도 매우 강력한 결합이다.

비공유전자쌍/홀전자
최외각전자 중 공유결합에 관여하지 않는 전자쌍을 비공유전자쌍이라고 하며, 전자쌍을 형성하지 않아 고립된 전자를 홀전자라고 한다. 비공유전자쌍은 배위결합에 사용되기도 하며, 홀전자는 불안정하기 때문에 반응을 일으키는 계기가 되기도 한다.

전기음성도
원자가 전자를 끌어당기는 세기를 나타내는데, 양성자수나 전자껍질의 크기에 의존한다. 원소 중에서는 플루오린이 가장 크다.

이온
일반적인 상태보다 전자가 많거나 적어서 전하를 띤 원자 혹은 원자단을 뜻한다. 전자가 많다면 음이온(염화물 이온Cl^-이나 수산화물 이온OH^- 등), 전자가 적다면 양이온(소듐 이온Na^+이나 암모늄 이온NH_4^+ 등)이 된다.

이온화 에너지와 전자 친화력
이온화 에너지란 원자에서 전자를 빼앗아 양이온이 되는 데 필요한 에너지를 뜻한다. 이온화 에너지가 작은 원자일수록 양이온이 되기 쉽다. 반면 전자 친화력이란 원자가 전자를 얻어 음이온이 될 때 방출하는 에너지를 뜻한다. 전자 친화력이 강한 원자일수록 음이온이 되기 쉽다.

이온결합
음전하를 지닌 음이온과 양전하를 지닌 양이온 사이에 쿨롱 힘(전하를 띤 두 입자 사이에서 작용하는 인력으로, 쿨롱 힘의 크기는 전하량의 곱에 비례하며 공간적 거리의 제곱에 반비례한다→옮긴이)이 작용해 벌어지는 결합. 공유결합에 비해 약하다.

자유전자/금속결합
가전자 중 원자 사이를 자유롭게 돌아다닐 수 있는 전자를 자유전자라 하며, 특히 금속이 금속결합을 발생시키는 데 이용된다. 자유전자는 전기나 열의 전도를 담당한다.

산과 염기의 반응에 관한 용어

산과 염기
물에 녹였을 때 수소 이온H^+을 발생시키는 물질을 산, 수산화물 이온OH^-을 발생시키는 물질을 염기(알칼리)라고 한다. 식초나 염산HCl 등은 산성이며 비누나 수산화소듐$NaOH$ 등은 염기성이다.

중화
산과 염기가 반응하는 것을 말한다. 일반적으로 물H_2O, 산의 음이온, 염기의 양이온으로 이루어진 화합물인 염이 생성된다.

pH
산성이나 염기성의 강약을 나타내는 지표로, 수소 이온H^+의 농도를 이용해 계산한다(→17쪽). pH가 7이면 중성, 7 이하라면 산성, 7 이상이라면 염기성이다.

산화 환원 반응에 관한 용어

산화와 환원
산화란 산소를 얻거나, 수소나 전자를 잃는 반응을 뜻하고, 환원은 이와 반대되는 반응을 뜻한다. 상대를 산화시키는 물질을 산화제, 환원시키는 물질을 환원제라 하며, 산화제 자체는 환원되고 환원제 자체는 산화된다. 원소의 산화 정도를 나타내는 수치를 산화수라고 하는데, 물질이 산화된 경우는 증가하고 환원된 경우는 감소한다.

전지
산화 환원 반응에 따른 화학 에너지를 전기 에너지로 변환하는 장치. 전류는 +극에서 -극으로 흐르며 +극에서는 환원 반응이, -극에서는 산화 반응이 발생한다.

전기분해
전해질 수용액 등에 외부에서 전기 에너지를 가해 산화 환원 반응을 일으키는 것을 뜻한다. 전지의 +극과 연결된 +극에서는 산화 반응이, -극과 연결된 -극에서는 환원 반응이 발생한다.

금속과 관련된 용어

불꽃 반응
어느 특정한 물질을 불에 집어넣었을 때 그 성분원소 특유의 색이 드러나는 현상을 뜻한다. 어느 원소가 무슨 색인지는 99쪽을 참조.

이온화 경향
금속의 홑원소 물질이 수용액 안에서 전자를 잃고 양이온이 되고자 하는 성질을 뜻한다. 이온화 경향이 강한 원소일수록 양이온이 되기 쉽다. 이온화 경향이 강한 원소부터 차례대로 나열하면 Li, K, Ca, Na, Mg, Al, Zn, Fe, Ni, Sn, Pb, (H_2), Cu, Hg, Ag, Pt, Au의 순서가 되는데, 이를 금속의 이온화 서열이라고 한다.

착이온
분자 혹은 이온에 함유된 비공유전자쌍을 금속이온과 공유, 배위결합을 형성해 생겨나는 이온을 뜻한다. 금속이온과 배위결합한 분자 혹은 이온을 배위자(리간드)라고 한다.

배위결합
한쪽 원자에게서만 전자쌍을 제공받아 생겨나는 결합을 뜻한다. 암모늄 이온NH_4^+에서 보이는 1개의 N-H결합이나 옥소늄 이온H_3O^+에서 보이는 1개의 H-O결합이 대표적인 예다.

전리

어느 물질을 물에 녹였을 때, 그 물질이 수용액 안에서 양이온과 음이온으로 나뉘는 현상이다. 전리되는 물질을 전해질이라고 하며, 전리되지 않는 물질을 비전해질이라고 한다.

양성원소

산과도, 수산화소듐NaOH 등의 강염기와도 반응하는 원소를 뜻한다. 알루미늄Al, 주석Sn, 납Pb 등이 양성원소에 해당한다.

부동태

알루미늄Al, 철Fe, 니켈Ni 등을 진한 질산에 담그면 금속 표면에 치밀한 산화 피막이 형성되기 때문에 그 이상의 반응은 진행되지 않는다. 이러한 상태를 부동태라고 한다.

금속광택

금속이 지닌 특징적인 광채를 뜻한다. 대개는 알루미늄(42쪽)이나 은(106쪽)처럼 흰색이지만 금(130쪽)은 노란색, 구리(82쪽)는 갈색 금속광택을 띤다.

전성, 연성

덩어리를 망치 등으로 때리면 넓게 펴지는 성질을 전성, 막대 형태를 잡아당기면 늘어나는 성질을 연성이라고 한다. 금속은 일반적으로 전성과 연성이 뛰어난데, 특히 금(130쪽)은 0.0001mm 두께까지 펼 수 있다.

전기전도성

전기가 잘 통하는 성질을 뜻한다. 금속은 전기전도성이 높아 도체라고 부르고, 비금속은 전기전도성이 낮아 부도체(절연체)라고 부른다. 또한 규소(46쪽) 등 도체와 부도체의 중간 성질을 보이는 것을 반도체라 하는데, 전자기기 등에 사용되고 있다. 참고로 전기전도성이 가장 높은 원소는 은이다.

열전도성

열을 잘 전달하는 성질을 뜻한다. 금속은 열전도성이 높고 비금속은 열전도성이 낮기 때문에 냄비나 주전자 등의 본체는 금속으로 만들어져 있지만 손잡이 부분은 플라스틱 등의 비금속으로 되어 있다.

색인

자

차

카

타

파

하

마치며

처음 원소라는 존재를 알게 된 것은 대체 언제, 어디서였을까. 어쩌면 과학 교과서를 통해 처음으로 '산소'나 '수소'라는 단어를 접한 사람도 있으리라. 아니면 일상생활 속에서 "물질은 산소가 없으면 타지 않아"라는 말을 늘어놓는 박식한 사람과의 대화를 통해 알게 된 사람도 있을 것이다. '학문'의 장에서 알게 되었느냐 '생활'의 장에서 알게 되었느냐의 차는 있겠지만 틀림없이 각자에게는 '원소와의 만남'이 있었을 터다.

대학생쯤 되면 어린 시절의 기억이 흐려지는 듯, 어쩌다 내가 원소와 만났는지는 뚜렷하게 기억이 나지 않는다. 하지만 일찍이 입시라는 다소 특수한 경쟁의 세계에 몸담기도 했다 보니 '원소와 접한 추억'은 대부분 학문의 장에서 형성되었으리라고 생각한다. 중학생이 되고 학교에서 '화학'이라는 과목을 정식으로 배우게 된 이후로 그러한 경향은 더욱 짙어졌다. 내게 원소란 어느새 '필요한 것만 외워서 써먹는 학습의 도구'가 되어 있었다.

도쿄대 CAST에서 '화학을 어려워하는 사람들을 위해 118개의 모든 원소를 이해하기 쉽도록 일러스트를 이용해 해설하는 책을 써주었으면 한다'라는 의뢰를 받아, 실제로 편집자와 회의를 했을 때는 내심 '입시에 나오는 원소야 정해져 있는데 118개 원소를 모두 정리해봤자 무슨 쓸모가 있다고……'라고 생각했다. 실제로 '학문'의 세계에서 본다면 인공적으로 합성해야 간신히 얻을 수 있으며 겨우 콤마 몇 초 만에 붕괴하는 중원소는 '버려도' 무방했다. 하지만 '시험에 나오지 않을 원소라도 간단한 지식 정도면 충분하니 어떻게든 118개 원소를 모두 다루고 싶다'는 편집자의 열의에 백기를 들고 관련된 상식을 조사해 실제로 본문을 쓰기 시작하니 하나의 원소를 발견하기까지, 그리고 그 원소의 성질을 밝혀내 이용하기까지 걸린 시간과 과학자들이 바친 노력의 발자취가 생생히 떠오르는 듯한 느낌이었다.

만물의 근원인 '원소'는 그 역사를 돌아보면 '만물은 무엇으로 이루어져 있을까', '이건 뭘까'라는, 모르는 것을 알고 싶어 하는 본능적 호기심을 통해 형성된 인류의 지혜가 깃든 결정체라고 생각한다. 선조들이 쌓아올린 이 재산을 '학문'의 장에만 매어두지 않고 '생활'의 장에서도 살릴 수 있다면 필시 내면의 세계가 풍요로워질 것이며, 이는 필시 문명이라는 거인의 어깨 위에서 현대를 살아가는 우리들의 의무이기도 하리라. 그 도우미로서 '원소도 의외로 재미있네'라고 생각할 만한 책을 쓸 수 있다면 사이언스커뮤니케이터로서는 더할 나위 없는 행복일 것이다.

집필 과정에서 편집자에게 많은 신세를 졌다. 또한 동아리 내부에서도 본업인 학업이나 연구에 바쁜 가운데 많은 멤버가 본문의 집필과 일러스트, 내용 교정을 맡아주었다. 이 자리를 빌려 감사의 말을 전하고 싶다. 정말로 감사했습니다.

이 책을 읽어주신 여러분과 또 어딘가에서 만날 수 있기를.

2019년 1월 13일
도쿄대학교 사이언스커뮤니케이션 동아리 CAST
집필팀 프로젝트 리더 _ 사키하라 하루카